● 基本的物理化学データ：SI単位と物理定数

① SI 基本単位

物理量	SI 単位の名称	単位記号
長さ	メートル	m
質量	キログラム	
時間	秒	
電流	アンペア	
熱力学温度	ケルビン	
物質量	モル	

② SI 組立単位

組立てられる量	SI 組立単位	
	名　称	記　号
面　積	平方メートル	m^2
体　積	立方メートル	m^3
速　度	メートル毎秒	m/s
加速度	メートル毎秒毎秒	m/s^2
密　度	キログラム毎立方メートル	kg/m^3
濃度（物質の）	モル毎立方メートル	mol/m^3

③ SI 接頭語

大きさ	接頭語	記　号	大きさ	接頭語	記　号
10^{-1}	デ　シ	d	10	デ　カ	da
10^{-2}	センチ	c	10^2	ヘクト	h
10^{-3}	ミ　リ	m	10^3	キ　ロ	k
10^{-6}	マイクロ	μ	10^6	メ　ガ	M
10^{-9}	ナ　ノ	n	10^9	ギ　ガ	G
10^{-12}	ピ　コ	p	10^{12}	テ　ラ	T
10^{-15}	フェムト	f	10^{15}	ペ　タ	P
10^{-18}	ア　ト	a	10^{18}	エクサ	E

④ 基本物理定数

量	記　号	数値と単位
アボガドロ定数	N_A または L	$6.022 \times 10^{23} mol^{-1}$
気体定数	R	$8.314 \, J \cdot K^{-1} \cdot mol^{-1}$
重力定数	G	$6.672 \times 10^{-11} m^3 \cdot kg^{-1} \cdot S^{-2}$

改訂 バイオ試薬調製ポケットマニュアル

欲しい試薬がすぐにつくれる
基本操作と注意・ポイント

著者 田村隆明

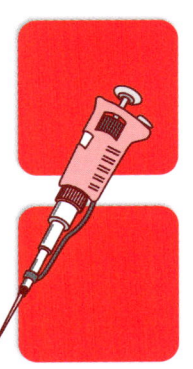

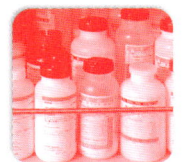

羊土社 YODOSHA

【注意事項】本書の情報について ─────

　本書に記載されている内容は，発行時点における最新の情報に基づき，正確を期するよう，執筆者，監修・編者ならびに出版社はそれぞれ最善の努力を払っております．しかし科学・医学・医療の進歩により，定義や概念，技術の操作方法や診療の方針が変更となり，本書をご使用になる時点においては記載された内容が正確かつ完全ではなくなる場合がございます．また，本書に記載されている企業名や商品名，URL等の情報が予告なく変更される場合もございますのでご了承ください．

改訂の序

　本書はバイオ実験に必要な試薬調製法を系統的に網羅した試薬調製プロトコール本で，初版「バイオ試薬調製ポケットマニュアル」を刷新したアップデート版である．

　「キット化・マニュアル化された時代だからこそこのような書籍を」と考えて初版本を世に送ったのは2003年末のことであった．それから10年以上，バイオ実験におけるキット化の比率はますます増えてはいるが，試薬調製の必要性が減ることはなく，依然として多くの試薬・溶液の自作は実験の基本となっている．新しい実験法や個別の実験条件をとるときは，試薬調製は避けて通ることができない．試薬を自作することによって溶液の機能や個々の成分の特性が理解でき，それが実験結果の正しい評価にもつながるため，試薬調製の意義は論を待たないだろう．何よりも簡単につくれる試薬溶液を購入することは不経済である．初版では115種類の試薬をカバーしていたが，本書では編集を工夫し，初版の項目をほぼ残したうえで新しい試薬を23種類増やしたが，そこでは初版で手薄と指摘された細胞実験などの分野に関して充実を図った．Ⅰ部に溶液・試薬データ編，Ⅱ部に基本操作編を置くという構成を含め，全体を通しての掲載スタイルはすべて本書に引き継がれている．

　好評を得て毎年のように増刷を重ね，試薬調製本の定番となることができた初版であったが，今回の改訂作業により，本書は初版にも増して使える実用の1冊になったのではないかと自負している．初版同様に本書が実験する者の必携の1冊となり，バイオ研究の発展の一助になれればと願うばかりである．最後に本書作成に協力していただいた石川裕之博士と，改訂の企画と製作を担当していただいた羊土社編集部の冨塚達也，吉田雅博の両氏に，この場を借りてお礼申し上げます．

2014年6月

深緑に紫陽花が映える西千葉の杜にて
田村隆明

初版の序

　この度「バイオ試薬調製ポケットマニュアル」を刊行することになった．必須でありながら，ありそうでなかった本と自負している．

　世はまさにプロトコール本，マニュアル本の時代．初心者も研究室に入ったその日からキットを使ってバイオ実験ができ，つくづくよい時代になったものだと思う．ただ，マニュアル本では基本的試薬の調製とそのための操作などはいちいち説明しておらず，よいことばかりではないようで，特に初心者にはこの溝を埋める工夫があるように感ずる．基本的保存溶液を自作したり，好みのpHのバッファーをつくったり，AGTCの比率を変えたヌクレオチド溶液を調製したりするなどのdetailは，これまでも個々のプロトコール本に断片的には盛り込まれてきたが，バイオ実験全体を通してコンパクトにまとめられたデータブックのようなものは，洋書ではいくつかあったものの，本邦ではこれまでなかったように思う．本書は，そのような状況のなかでつくられた．

　本書は基本溶液の作製法から遺伝子工学関連試薬の組成，大腸菌の培養液から細胞培養液，電気泳動からタンパク質実験に至るまで，ほとんどのバイオ関連実験の領域をカバーし，そこで使用される試薬や溶液の作製法，特徴，使用法，そして保存法や諸注意などの必須情報を盛り込み，さらに関連する基本操作についても説明している．分厚い体裁にすれば大した苦労もなかったであろうが，重要項目を厳選したうえで余すことなく盛り込み，しかもそれをポケット版として白衣のポケットに入るようなサイズに凝縮させることに，特に留意した．価格の点でも努力した．このようなわけで，編集にあたった羊土社の中川　尚氏と中川由香氏は，さぞや苦労なさったのではないかと想像するが，最大級の努力でこのような筆者の要求に答えていただき，心からお礼を申したい．

　実験者必携の一冊として，ページが擦り切れるまで利用されれば，作り手としてこれに勝る喜びはない．

2003年神無月

　　　　　　　　　　　　　　　五色の木の葉煌めく西千葉の杜にて

　　　　　　　　　　　　　　　　　　　　　　　　　　田村隆明

改訂 バイオ試薬調製ポケットマニュアル

CONTENTS

欲しい試薬がすぐにつくれる
基本操作と注意・ポイント

I部　溶液・試薬データ編

第1章　基本溶液

1. 酸とアルカリ

塩酸（塩化水素） …… 16	水酸化カリウム …… 19
酢酸 …… 17	希アンモニア水 …… 20
水酸化ナトリウム …… 18	

2. 塩溶液

塩化ナトリウム …… 21	酢酸カリウム …… 26
塩化カリウム …… 22	塩化カルシウム …… 27
塩化マグネシウム …… 23	酢酸カルシウム …… 28
酢酸マグネシウム …… 24	酢酸アンモニウム …… 29
酢酸ナトリウム …… 25	硫酸マグネシウム …… 30

3. 緩衝液（バッファー）

トリス塩酸バッファー …… 31	リン酸バッファー …… 36
トリス酢酸バッファー …… 33	酢酸ナトリウムバッファー …… 38
HEPESバッファー …… 34	クエン酸ナトリウム
MOPSバッファー …… 35	バッファー …… 39

4. その他

EDTA …… 40	ショ糖 …… 48
EGTA …… 42	サルコシル …… 49
SDS …… 44	
非イオン性界面活性剤 …… 46	
BriJ 58, Nonidet P-40, Triton X-100, Tween 20, Tween 80	

第2章 遺伝子工学実験

1. 保存溶解溶液

TE	50	TEN	52
T$_{50}$E$_1$	51	DEPC水	53

2. 核酸の抽出

アルカリ溶解法：溶液Ⅰ	54	リゾチーム	57
アルカリ溶解法：溶液Ⅱ	55	STET/STETL	58
アルカリ溶解法：溶液Ⅲ	56	TNM	59

3. 核酸の精製と検出

水飽和フェノール	60	DNA沈殿用PEG	68
トリス・フェノール	62	プロナーゼ	69
CIA（クロロホルム・イソアミルアルコール）	64	プロテナーゼK	70
		DNaseフリーRNase	71
フェノール・クロロホルム	65	TE飽和ブタノール	72
70％エタノール	66	ジエチルエーテル	73
エチジウムブロマイド	67		

第3章 核酸解析実験

1. 制限酵素反応液

Lowバッファー	74	KClバッファー	77
Mediumバッファー	75	*Sal*Ⅰバッファー	78
Highバッファー	76	Tバッファー	79

2. 制限酵素以外の酵素反応液

ヌクレオチド（dNTPを中心に）	80	その他の酵素の反応液 …… 89 T4DNAポリメラーゼ, M-MuLV逆転写酵素, ターミナルトランスフェラーゼ（TdT）, DNaseⅠ, S1ヌクレアーゼ, マイクロコッカルヌクレアーゼ, Bal31ヌクレアーゼ, Mung Beanヌクレアーゼ, RNase H
T4ポリヌクレオチドキナーゼ	82	
アルカリホスファターゼ	83	
T4 DNAリガーゼ	84	
BigDye®希釈バッファー	85	
クレノーフラグメント	86	
PCR	87	

3. ハイブリダイゼーション

SSC ……………………………… 90	サザンブロッティング溶液 … 93
SSPE …………………………… 91	サザンハイブリダイゼーション
脱イオンホルムアミド ……… 92	溶液 …………………………… 96

第4章　タンパク質実験

1. 抽出溶液

細胞溶解液（RIPA バッファー） …… 98
タンパク質抽出液 …… 100

2. 安定化剤

ATP（タンパク質用）…… 102
DTT …………………………… 103
プロテアーゼインヒビター …… 104
　アプロチニン，ロイペプチン，
　E-64，ペプスタチン A,
　PMSF, p-APMSF,
　AEBSF, アンチパイン,
　キモスタチン, Bestatin

70％グリセロール …… 107
BSA（ウシ血清アルブミン）…… 108
アジ化ナトリウム …… 109

3. 免疫学的実験

ウエスタンブロッティング 溶液 …… 110
タンパク質転写溶液 …… 111
ブロッキング溶液 …… 113
免疫沈降反応結合液 …… 115
抗体除去バッファー …… 117

4. その他

グルタチオン ………………… 118
硫酸アンモニウム …………… 119
イミダゾール ………………… 120
TCA …………………………… 121
尿素 …………………………… 122

第5章　電気泳動

1. 電気泳動バッファー

TAE …………………………… 123
TBE …………………………… 124
SDS-PAGE 泳動バッファー …………… 126

2. 核酸用ゲル・試薬

アガロースゲル	127	通常ゲル用ローディングバッファー	135
アクリルアミド溶液	129	変性ゲル用ローディングバッファー	136
ポリアクリルアミドゲル	131		
尿素ゲル	133		

3. タンパク質用ゲル・試薬

SDSポリアクリルアミドゲル	138	CBB染色液	141
SDSサンプルバッファー	140	脱色液	142
		アミドブラック	143

4. その他，共通に使用されるもの

SYBR®Green/Gold染色液	144	過硫酸アンモニウム（APS）	145

第6章　大腸菌実験

1. 培地

LB培地	146	M9培地	150
SOB培地/SOC培地	147	富栄養培地	152
NZYM培地	149	酵母用培地	154

2. 培地添加物

寒天培地	156	IPTG	159
抗生物質（大腸菌実験用）	157	X-gal	160
アンピシリン，カナマイシン，ストレプトマイシン，クロラムフェニコール，テトラサイクリン			

3. ファージ実験用試薬

SMバッファー	161	ファージ沈殿液	162

第7章　細胞実験

1. 生理的塩溶液

Earle液	163	HBS	168
PBS（-）	165	生理食塩水/生理的食塩水	169
TBS	167	リンガー液	170

2. 培養液用添加物

- グルタミン溶液 …… 172
- 炭酸水素ナトリウム …… 173
- 軟寒天培地 …… 174
- 抗生物質（細胞培養用）… 176
  ペニシリン G，ストレプトマイシン，カナマイシン，ツニカマイシン，アンフォテリシン B，G418
- トリプシン溶液 …… 178
- トリパンブルー …… 180
- トランスフェクション 溶液 …… 181

3. 染色と観察

- ギムザ染色液 …… 183
- パラホルムアルデヒド溶液 … 184
- ヘマトキシリン溶液 …… 185
- エオシン溶液 …… 187
- 水溶性封入剤 …… 188

4. 細胞解析用試薬

- シクロヘキシミド …… 189
- チミジン …… 190
- HAT 培地 …… 191
- ノコダゾール …… 192
- BrdU（ブロモデオキシウリジン） …… 193

Ⅱ部　基本操作編

第1章　基本溶液

1. 計量器具 …… 202
1. 計量器具の特性
2. 計量器具の材質と洗浄

2. 濃度計算と確認 …… 206
1. 濃度計算
2. 分光光度計の使い方：手動操作の場合
3. 濃度の確認

3. 秤量とメスアップ …… 208
1. 天秤
2. メスアップ

4. 試薬と水のグレード …… 210
1. 試薬
2. 水

5. pHとバッファー —— 212
1. pH
2. 水溶液のpH
3. pHメーター
4. バッファー（緩衝液）

6. 容器の材質と保存条件 —— 214
1. 材質の選定
2. 保存容器の強度と安全性
3. 保存条件

7. 器具と試薬の滅菌 —— 216
1. 瓶の滅菌
2. 溶液の滅菌
3. 滅菌が必ずしも必要でないもの

第2章　遺伝子工学実験

1. 核酸の保存と安定性 —— 218
1. DNA
2. RNA

2. 核酸の沈殿・濃縮 —— 219
1. 塩濃度
2. 沈殿剤
3. 後処理

3. 分光光度計による核酸の定量 —— 221

4. DNAの断片化 —— 222

5. RNA実験のポイント —— 223
1. 細胞からのRNA抽出
2. 二次的RNase汚染の防止
3. 物理化学的安定性の維持

第3章　核酸解析実験

1. DNAの変性とTm —— 225
1. DNAの変性法
2. Tmとは

2. 核酸精製用ゲル濾過 —— 226

3. 透析 —— 227
1. 透析チューブの前処理
2. 透析

第4章　タンパク質実験

1. タンパク質定量法 …… 230
1. 乾燥重量法
2. ビウレット（Biuret）法
3. ローリー（Lowry）法
4. ビシンコニン酸（Bicinchoninate）法（BCA法）
5. クーマシーブルーG法（Bradford法）
6. 紫外部吸収法（UV法）

2. タンパク質の精製法 …… 232
1. 沈殿
2. 膜分画
3. 電気泳動
4. 遠心分離
5. クロマトグラフィー

3. 濃縮法 …… 234
1. 沈殿
2. クロマトグラフィー
3. 限外濾過
4. 脱水
5. 凍結乾燥

第5章　電気泳動

1. 分子量マーカーとその分離パターン …… 236
1. アガロースゲルによるDNAの分離
2. ポリアクリルアミドゲルによるDNAの分離
3. SDS-PAGEによるタンパク質の分離

2. ゲルからの試料の抽出 …… 236
1. DNAをアガロースゲルから
2. DNAをポリアクリルアミドゲルから
3. タンパク質をアクリルアミドゲルから

3. ゲル保存法 …… 241

第6章　大腸菌実験

1. 培養プレート作製法 …… 242

2. 代表的大腸菌の遺伝型 …… 244

3. プラスミドの導入 ……………………………………………………………… 244

第7章　細胞実験

1. 細胞の凍結保存 …………………………………………………………… 247

2. 細胞数の計測 ……………………………………………………………… 248
1. 血球計算板による細胞測定法　2. それ以外の細胞測定法

3. 固定染色法 ………………………………………………………………… 249

4. 培養容器の規格 …………………………………………………………… 250

5. 血清の準備 ………………………………………………………………… 251
1. 血清の種類
2. 保存
3. 血清の非動化
4. 血清のロットチェック
5. マイコプラズマチェック

● 付　録 …………………………………………………………………………… 257
1. ラジオアイソトープデータ ……………………………………………… 257
2. 遠心力 ……………………………………………………………………… 258
3. おもなバッファーの適用pH範囲 ………………………………………… 259
4. 硫安（硫酸アンモニウム）溶液の濃度 ………………………………… 259
5. アミノ酸 …………………………………………………………………… 261
6. 紫外部吸収とタンパク質濃度 …………………………………………… 261
7. 核酸とタンパク質の換算式 ……………………………………………… 262
8. 酵素反応液 ………………………………………………………………… 263
9. 大腸菌のベクター ………………………………………………………… 265

● 索　引 …………………………………………………………………………… 267

本書の構成と特徴

本書は
I部　溶液・試薬データ編
II部　基本操作編
の2部構成になっています．

I部　溶液・試薬データ編

バイオ実験に必要な溶液・試薬について用途別に章をまとめ，1種類ずつ解説しています．

＜項目＞
① **溶液・試薬名**（一般的名称，別名や欧文表記）
② **調製法** ………… 調製する溶液・試薬の濃度や量など

溶液・試薬データ編

① 溶液・試薬名
② 調製法
③ 使用試薬
④ 用意するもの
⑤ 調製手順
⑥ Data
⑦ memo

EDTA
ethlenediamine tetraacetic acid／エチレンジアミン四酢酸

調製法　0.5M EDTA（pH=8.0）　500mL

・使用試薬
　エチレンジアミン四酢酸ニナトリウム二水和物
　　（EDTA 2Na・2H$_2$O）　C$_{10}$H$_{14}$N$_2$O$_8$Na$_2$・2H$_2$O
　分子量 = 372.24

Point　EDTAはC$_{10}$H$_{16}$N$_2$O$_8$，分子量 = 292.24

・用意するもの
　EDTA 2Na・2H$_2$O　　　　　　　　　　93.06g
　固形水酸化ナトリウム[1)]　　　　　　　約10g
　5N（あるいは飽和）水酸化ナトリウム　　適量

❶ 400mLの水[※1]にEDTA粉末を懸濁し，撹拌しながらpHを測定する．
❷ 固形水酸化ナトリウムを徐々に加える．
❸ pHが徐々に上昇し，やがて完全に溶けるので，水酸化ナトリウム溶液でpHを8.0に合わせ，500mLにメスアップする．

Data
用　途　pH=7.0～8.0（あるいはそれ以上）．バッファーや酵素反応液に添加して，重金属による影響を抑えたり，酵素を不活化させたりする．0.1～5mMの濃度で使用される．
特　性　水に溶けて酸性の性質を示す．代表的なキレート試薬．各

memo

③ **使用試薬** ……… 調製に必要な試薬の名称,分子式,分子量など
④ **用意するもの** … 調製に必要な溶液・試薬の量や最終濃度
⑤ **調製手順** ……… 溶液・試薬をつくる際の手順
⑥ **Data** ………… 溶液・試薬の用途,特性,保存方法,備考など
⑦ **memo** ………… メモ欄
● **注意** ………… 調製や取り扱いの際に気をつけること
● **Point** ………… おさえておくべきことや,知っておくと便利なこと,豆知識など
● **参照** ………… 参照すると役立つ試薬調製法・実験操作とその掲載ページ

※文字の入っていない書き込み用メモページが194ページから挿入されています.必要な溶液・試薬の調製法などのデータ作製にご活用ください.

II部　基本操作編

　試薬調製はもちろん,バイオ実験全般にわたって必要な基本操作が解説されています.「I部　溶液・試薬データ編」同様,用途別にまとめられていますので,目的の実験の基本を簡単におさえることができます.

付録と索引

　実験を行う際によく使う情報を付録にまとめました.
　また,溶液・試薬名は索引から簡単に探すことができます.
　ぜひ実験にお役立てください.

I 部
溶液・試薬データ編

塩酸（塩化水素）

hydrochloric acid

調製法 6N 塩酸　500mL

・使用試薬
　塩酸　HCl　分子量＝36.46　**劇物指定**

1. 150mLの滅菌水を撹拌しながら，濃塩酸250mLを少しずつ加える．
2. 発熱するので，冷ました後，滅菌水で500mLにメスアップする．

注意 逆の操作「濃塩酸に水を加える」はしない．オートクレーブ不要．濃塩酸はドラフト内で扱う．

Data

用　途　バッファーのpH調整，溶液pHの微調整，イオン交換樹脂の活性化やpHの下降に用いられる．

特　性　濃塩酸は塩化水素が35〜37％溶けた水溶液で，濃度を12M（12規定［N］）とみなす．揮発性で刺激臭が強く，強酸で腐食性があり，ガラスを曇らせる．

保　存　密栓して常温で保存する．

注意 水酸化ナトリウム[1]などで中和して流しに廃棄する．

参照　1）水酸化ナトリウム　18ページ

memo

酢酸

acetic acid

調製法 3M 酢酸 500mL

- **使用試薬**

  酢酸 CH$_3$COOH 分子量 = 60.05 **危険物**

1. 滅菌水 400mL に，撹拌しながら酢酸 85.7mL を加える．
2. 少し発熱するので，冷ましてから 500mL にメスアップする．

注意 オートクレーブ不要．ドラフト内で扱う．

Data

用 途	酢酸ナトリウムバッファー[1] の作製などに用いる．
特 性	刺激臭（酸臭）がある．弱酸．代表的な有機酸．比重 = 1.05，原液は 17.5M．
保 存	ガラス瓶に入れて密栓し，常温で保存する．

注意 水酸化ナトリウム[2] などで中和して流しに廃棄する．

参照 1) 酢酸ナトリウムバッファー 38 ページ
　　　　2) 水酸化ナトリウム 18 ページ

memo

水酸化ナトリウム

sodium hydroxide（通称：苛性ソーダ）

調製法 5N 水酸化ナトリウム　200mL

・使用試薬

　水酸化ナトリウム　NaOH　分子量 = 40.00　**劇物指定**

❶ 試薬 40.0g を手早くはかり，160mL の滅菌水に撹拌しながら加える．

❷ 溶解後 200mL にメスアップする．

注意 吸湿性と腐食性が強いので，ビーカーに固体試薬をおよその分量入れ，試薬瓶のフタはすぐ閉める．オートクレーブ不要．

Point はかった試薬量を記録し，試薬量に応じてメスアップ時に液量を調節するのが実際的な方法．

Data

用　途　各種溶液やバッファーのpH調整，EDTA[1]などの難溶性試薬の溶解，イオン交換樹脂の活性化や平衡化に用いる．乾燥剤に用いることもある．

特　性　吸湿性，炭酸ガス吸収性がある．扱いやすいペレット状試薬として販売されている．発熱しながら水に溶け，強いアルカリ性を示す．1M濃度はアルカリ度1規定（1N）に相当する．

保　存　濃い溶液はガラスを溶かすので，プラスチック容器で密栓して保存する．

Point 密栓しないと炭酸ガスを吸収して沈殿（炭酸ナトリウム）を生ずる．沈殿が出たら，つくり直す．

注意 試薬が皮膚や目についたら，ただちに大量の流水で洗う．

参照 1) EDTA　40ページ

水酸化カリウム

potassium hydoxide（通称：苛性カリ）

調製法　5N 水酸化カリウム　200mL

・使用試薬

　水酸化カリウム　KOH　分子量＝56.11　劇物指定

❶ 試薬56.1gを手早くはかり，160mLの滅菌水に撹拌しながら加える．

❷ 溶解後200mLにメスアップする．

注意　強い吸湿性と腐食性があるので，ビーカーに固体試薬をおよその分量入れ，試薬瓶のフタはすぐ閉める．オートクレーブ不要．

Point　はかった試薬量を記録し，試薬量に応じてメスアップ時に液量を調節するのが実際的な方法．

Data

用　途　各種塩溶液の作製やバッファー（HEPES[1]などのGoodバッファー[2]）のpH調整に用いる．

特　性　吸湿性のある固体．水酸化ナトリウム[3]に類似の性質を示す．1M溶液はアルカリ度1規定（1N）に相当する．

保　存　濃い溶液はガラスを溶かすので，プラスチック容器で密栓して保存する．

Point　密栓しないと炭酸ガスを吸収して炭酸カリウムを生ずる．沈殿が出たら，つくり直す．

注意　試薬が皮膚や目についたら，ただちに大量の流水で洗う．

参照　1）HEPESバッファー　34ページ
　　　　2）トリス塩酸バッファーの項（→Goodバッファー）　32ページ
　　　　3）水酸化ナトリウム　18ページ

希アンモニア水

diluted ammonia water

調製法 1M アンモニア水　100mL

・使用試薬

　アンモニア水　**危険物，劇物指定**

　　試薬としてのアンモニア水はアンモニア（NH_3）を 28〜30％含む．17M とみなす．

❶ 試薬 5.9mL をとる．
❷ 水を加え，100mL とする．

注意　毒性物質，揮発性で独特の強い刺激臭があるため，原液はドラフトで扱う．オートクレーブは不要．

Data

用　途　生化学実験の汎用試薬だが，主には硫酸アンモニウム溶液など，アンモニウム塩が溶けた溶液の pH 調製に使われる．

特　性　アンモニアは水に溶けて水酸化アンモニウム（NH_4OH, 分子量 = 17.03）となり，解離してアルカリ性を示す．0.1N 溶液の pH は 11.1．アンモニアと塩化水素を近づけると塩化アンモニウムの白煙を生ずる．

保　存　密栓して室温あるいは冷蔵庫で保存する．

memo

塩化ナトリウム

sodium chloride（通称：食塩）

調製法　5M 塩化ナトリウム　1L

・使用試薬
塩化ナトリウム　NaCl　分子量 = 58.44

1. 試薬 292.2g を 800mL の水に溶かす．
2. 1L にメスアップし，オートクレーブする．

Point　最後は溶けるのに時間がかかるので，場合によっては少し加熱して溶かす．

Data

用　途　安価なため，塩濃度や浸透圧を高めるために広く使用される．TEN[1]，SSC[2] のようなさまざまな塩溶液，生理食塩水[3]，細菌用培地の成分として利用される．

特　性　水には溶けるが，エタノールには溶けにくい．

保　存　室温，あるいは冷蔵庫で保存する．

参照
1) TEN　52ページ
2) SSC　90ページ
3) 生理食塩水　169ページ

memo

塩化カリウム

potassium chloride

調製法 3M 塩化カリウム　1L

・使用試薬
　塩化カリウム　KCl　分子量 = 74.55

❶ 223.7gの試薬を800mLの水に溶かす.
❷ 1Lにメスアップし，オートクレーブする.

Data

用　途　塩化ナトリウム[1]とともに，塩濃度を高めるために広く使用される．タンパク質の抽出液[2]や，イオン交換クロマトグラフィーの溶出用に用いる．PBS[3]などの塩溶液の作製にも使われる．

特　性　塩化ナトリウムに比べると，水に溶けやすい．

保　存　室温，あるいは冷蔵庫で保存する．

参照　1) 塩化ナトリウム　21ページ
　　　2) タンパク質抽出液　100ページ
　　　3) PBS (−)　165ページ

memo

塩化マグネシウム

magnesium chloride

調製法　1M 塩化マグネシウム　500mL

・使用試薬
塩化マグネシウム六水和物　$MgCl_2 \cdot 6H_2O$　分子量 = 203.30

1. 試薬 101.7g を水 400mL に溶かす.
2. 500mL にメスアップし，オートクレーブする.

Data

用　途　さまざまな酵素反応液に活性化因子として加えられる．PBS[1] などの塩溶液作製にも用いる．

保　存　室温，あるいは冷蔵庫で保存する．

参照　1) PBS（−）　165ページ

memo

酢酸マグネシウム

magnesium acetate

調製法 1M 酢酸マグネシウム　200mL

・使用試薬
酢酸マグネシウム四水和物
　$(CH_3COO)_2Mg \cdot 4H_2O$　分子量 = 214.45

❶ 試薬42.9gを160mLの水に溶かす．
❷ 200mLにメスアップし，オートクレーブする．

Data

用　途　塩素イオンが阻害的に働く酵素反応などで，塩化マグネシウム[1]に代わって使用する．

保　存　室温，あるいは冷蔵庫で保存する．

参照　1）塩化マグネシウム　23ページ

memo

第1章 -2. 塩溶液

酢酸ナトリウム

sodium acetate

調製法　3M 酢酸ナトリウム　500mL

・使用試薬

酢酸ナトリウム　CH₃COONa
三水和物　分子量 = 136.08，無水物　分子量 = 82.03

❶ 酢酸ナトリウム三水和物 204.1g（無水物であれば 123g）を水 400mL に溶かす．
❷ 500mL にメスアップし，密栓してオートクレーブする[1]．

Data

用　途　酢酸ナトリウムバッファー[2]の作製に用いる．エタノールに対する溶解度が塩化ナトリウム[3]より高く，微アルカリ性（pH=7.5〜9.0）なので，DNA のエタノール沈殿[4]で添加する塩として用いられる．

特　性　エタノールに比較的溶ける．

保　存　室温，あるいは冷蔵庫で保存する．

備　考　RNA のエタノール沈殿の場合は pH=5.2 にする[2]．

参照　1）容器の材質と保存条件　214 ページ
　　　2）酢酸ナトリウムバッファー　38 ページ
　　　3）塩化ナトリウム　21 ページ
　　　4）核酸の沈殿・濃縮　219 ページ

memo

酢酸カリウム

potassium acetate

調製法　3M 酢酸カリウム　500mL

・使用試薬
酢酸カリウム　CH₃COOK　分子量 = 98.14

❶ 試薬 147.21g を水 400mL に溶かす.
❷ 500mL にメスアップし，密栓してオートクレーブする[1].

Data

用　途　酢酸カリウムバッファー作製などに使用する.
　　　　RNA のエタノール沈殿には 0.1〜0.3M 加える[2].

特　性　酢酸ナトリウム[3]以上にエタノールによく溶ける.

保　存　室温，あるいは冷蔵庫で保存する.

参照　1）容器の材質と保存条件　214 ページ
　　　2）酢酸ナトリウムバッファー　38 ページ
　　　3）酢酸ナトリウム　25 ページ

memo

塩化カルシウム

calcium chloride

調製法　1M 塩化カルシウム　500mL

・使用試薬

　　塩化カルシウム　CaCl$_2$
　　　無水　分子量 = 110.98，二水和物　分子量 = 147.01
❶ 無水試薬 55.5g（二水和物は 73.5g）を 400mL の水に溶かす．
❷ 500mL にメスアップし，オートクレーブする．

Data

用　途　PBS[1] などの塩溶液作製，各種酵素反応の補助因子などで使用される．
　　　　無水塩化カルシウムは乾燥剤としても使用する．

特　性　潮解性がある．

保　存　室温，あるいは冷蔵庫で保存する．

参照　1) PBS（-）　165 ページ

memo

酢酸カルシウム

calcium acetate

調製法　1M 酢酸カルシウム　200mL

・使用試薬

酢酸カルシウム一水和物
Ca (CH$_3$COO)$_2$・H$_2$O　　分子量＝176.18

1. 一水和物 35.2g（無水の場合は 31.6g）を約 180mL の水に溶かす．
2. 200mL にメスアップし，密栓してオートクレーブする[1]．

Data

用　途　生化学実験の汎用試薬．カルシウムイオンの供給源として，塩素イオンが阻害的に働く場合などに用いられる．

特　性　無水試薬は吸湿性が強いので，保存に注意する．

保　存　室温あるいは冷蔵庫で保存する．

参照　1）容器の材質と保存条件　214 ページ

memo

酢酸アンモニウム

ammonium acetate

調製法 7.5M 酢酸アンモニウム　200mL

・使用試薬

　酢酸アンモニウム　CH_3COONH_4　分子量 = 77.08

❶ 115.6g の試薬に滅菌水を 80mL 加えて溶かす.
❷ 200mL にメスアップする.

注意 分解・揮発しやすいため,オートクレーブしない.
滅菌する場合はフィルター滅菌を行う.

Data

用　途　DNA 溶液に 0.5 〜 2M になるように加えて通常のエタノール沈殿[1]を行うと,50bp 長以下の核酸を除去できる.

保　存　冷蔵庫,あるいは − 20℃（凍結しない）で保存する.

参照 1) 核酸の沈殿・濃縮　219 ページ

memo

硫酸マグネシウム

magnesium sulphate

調製法 1M 硫酸マグネシウム　200mL

・使用試薬

硫酸マグネシウム　$MgSO_4$

　　七水和物　分子量 = 246.48，無水　分子量 = 120.37

❶ 七水和物49.3g（無水試薬は24.1g）を160mLの水に溶かす．
❷ 200mLにメスアップし，オートクレーブする．

Data

用　途　DNase I 反応液[1]などで使用される．

保　存　室温，あるいは冷蔵庫で保存する．

参照　1）その他の酵素の反応液　89ページ

memo

トリス塩酸バッファー

Tris-HCl (Tris hydrochlonic acid) buffer

調製法　1M トリス塩酸バッファー（pH=8.0）　500mL

・使用試薬

トリス塩基〔tris (hydroxymethyl) aminomethane〕
　　分子量 = 121.2
6N 塩酸[1] ※1

❶ トリス塩基60.55gを400mLの水に溶かし，塩酸を加えながらpHを8.0に合わせ，500mLにメスアップする．

❷ 密栓して※2 オートクレーブする[2]．

Point　※1 pH=7.5，pH=8.0，pH=8.5で，それぞれおよそ67mL，50mL，25mLの6N塩酸を使用する．
※2 塩酸の揮発を防ぐため．

注意　多少発熱する．希（〜1N）塩酸では発熱はほとんどないが，トリス塩基を少量の水に溶かさなくてはならず，濃いバッファーの作製には不適．

Data

用　途　使用pH範囲：pH=7.1〜8.9．この範囲を少し超えるバッファーもつくれるが，緩衝作用は弱い．バイオ実験で最も汎用されるバッファー．

memo

保 存 室温あるいは冷蔵庫で保存する．

備 考 トリシンバッファーは，Tricine〔N-tris (hydroxymethyl) methylglycine〕（酸性，分子量 = 179.16）と水酸化ナトリウム[3]や水酸化カリウム[4]によるバッファーで，トリス塩酸よりも生理的．Goodバッファーの1つ．

Point 他のGoodバッファーには
- Tricine
- PIPES　　分子量 = 304.3
- EPPS　　分子量 = 252.32
- MES　　 分子量 = 195.23
- Bicine　　分子量 = 163.17

などがある．酸性で，水酸化カリウム[4]や水酸化ナトリウム[3]でpHを調整する．いずれもトリス塩酸バッファーに比べ，より生理的条件に近い環境をつくれるが，高価なことが難点．

参照 1) 塩酸　16ページ
2) 容器の材質と保存条件　214ページ
3) 水酸化ナトリウム　18ページ
4) 水酸化カリウム　19ページ

memo

トリス酢酸バッファー

Tris-acetate buffer

調製法　1M トリス酢酸バッファー（pH=7.9）　1L

・使用試薬

トリス塩基〔tris（hydroxymethyl）aminomethane〕
分子量 = 121.2

3M 酢酸[1]

❶ トリス塩基121.1gを約700mLの水に溶かし，酢酸（約80〜100mL必要）を加えながらpHを7.9に合わせる．

❷ 1Lにメスアップし，密栓してオートクレーブする[2]．

Data

用　途　トリス塩酸バッファー[3]よりも酢酸の状態が適しているトリスバッファーの作製に使用．種々の酵素反応液に使われる．

保　存　室温，あるいは冷蔵庫で保存する．

参照　1）酢酸　17ページ
　　　　2）容器の材質と保存条件　214ページ
　　　　3）トリス塩酸バッファー　31ページ

memo

HEPESバッファー

HEPES buffer

調製法 1M HEPES-KOHバッファー (pH=7.6) 500mL

・使用試薬

HEPES (N-2-hydroxyetylpiperazine-N'-ethanesulphonic acid) 分子量 = 238.3
5N 水酸化カリウム[1]

1. 119.2gのHEPESを400mLの水に溶かす.
2. 水酸化カリウム溶液(およそ40mL)でpHを7.6に合わせ,500mLにメスアップしオートクレーブ.

Point 水酸化ナトリウム[2]でpH調整する場合もある.

Data

用 途　使用pHは7.0〜8.2. トリスバッファーより生理的条件に近い. 組織培養, タンパク質精製などで使われる.

保 存　冷蔵庫で保存する.

備 考　Goodバッファー[3]の1つ.

参照 1) 水酸化カリウム　19ページ
2) 水酸化ナトリウム　18ページ
3) トリス塩酸バッファーの項(→Goodバッファー)　32ページ

memo

MOPSバッファー

MOPS buffer

調製法 1M MOPS-KOH（pH=7.0）バッファー　500mL

・使用試薬

MOPS〔3-（N-morpholino）propanesulphonic acid〕
分子量＝209.3
5N 水酸化カリウム[1]

❶ 104.7gのMOPSを400mLの水に溶かす．

❷ 水酸化カリウム溶液（およそ37mL）でpHを7.0に合わせ，500mLにメスアップし，オートクレーブする．

Point　水酸化ナトリウム[2]でpH調整する場合もある．

Data

用　途　pH範囲は6.6〜7.8．HEPESバッファー[3]と同様に，トリスバッファーより生理的環境をつくるために使われる．

保　存　冷蔵庫で保存する．

備　考　代表的Goodバッファー[4]．

参照 1）水酸化カリウム　19ページ
　　　2）水酸化ナトリウム　18ページ
　　　3）HEPESバッファー　34ページ
　　　4）トリス塩酸バッファーの項（→Goodバッファー）　32ページ

memo

リン酸バッファー

phosphate buffer

調製法 0.2M リン酸ナトリウムバッファー（pH=6.8）〜500mL

・使用試薬

リン酸二水素ナトリウム[※1]　NaH_2PO_4　酸性
無水　分子量 = 119.98，二水和物　分子量 = 156.01
リン酸水素二ナトリウム[※2]　Na_2HPO_4　アルカリ性
無水　分子量 = 141.96，二水和物　分子量 = 178.05，
十二水和物　分子量 = 358.14

[※1] 別名：リン酸一ナトリウム／第一リン酸ナトリウム
[※2] 別名：リン酸二ナトリウム／第二リン酸ナトリウム

・用意するもの

0.2M リン酸二水素ナトリウム溶液[※3]
0.2M リン酸水素二ナトリウム溶液[※4]

[※3] 24g/Lの濃度で作製する（二水和物の場合は31.21g/L）．
[※4] 28.39g/Lの濃度で作製する（十二水和物の場合は71.64g/L）．

❶ ビーカーにおよそ250mLのリン酸水素二ナトリウム溶液を入れる．
❷ pHを測定しながらリン酸二水素ナトリウム溶液を添加してpH6.8

memo

に合わせ，オートクレーブする．

Point ほぼ500mLになる．
混合する順番を逆にしてもよい．
濃度は総リン酸基濃度で決める．

Data

用　途　使用pH範囲は5.8〜8.0．ヒドロキシアパタイトやリン酸セルロースのカラムクロマトグラフィーなどで使用される．

保　存　室温あるいは冷蔵庫で保存する．

注意 雑菌が増えやすいので注意．

備　考　リン酸カリウムバッファーの場合も以下の試薬で同様につくる．

・使用試薬

リン酸二水素カリウム　　KH_2PO_4　分子量 = 136.09
リン酸水素二カリウム　　K_2HPO_4　分子量 = 174.18

・用意するもの

0.2M リン酸二水素カリウム　　　　　27.22g/L
0.2M リン酸水素二カリウム　　　　　34.84g/L

memo

酢酸ナトリウムバッファー

sodium acetate buffer

調製法 3M 酢酸ナトリウムバッファー（pH=5.2）～500mL

・使用試薬
3M 酢酸ナトリウム[1]
3M 酢酸[2]

❶ 酢酸ナトリウム 400mL に酢酸を徐々に加え pH を 5.2 にする．
❷ 密栓してオートクレーブする[3]．

Point 液量はほぼ 500mL となる．

Data

用　途　バッファー濃度は酢酸基の濃度で表す．使用 pH 範囲は 3.7～5.6．RNA をエタノール沈殿するときは 0.3M になるように加える．

保　存　室温あるいは冷蔵庫に保存する．

備　考　RNA 沈殿用には酢酸カリウムバッファーの方が適している．その場合，3M 酢酸カリウム[4]と 3M 酢酸で同様にバッファーを調製する．

参照
1) 酢酸ナトリウム　25ページ
2) 酢酸　17ページ
3) 容器の材質と保存条件　214ページ
4) 酢酸カリウム　26ページ

memo

クエン酸ナトリウムバッファー

sodium citrate buffer

調製法 1M クエン酸ナトリウムバッファー（pH=7.0）〜200mL

・使用試薬

クエン酸三ナトリウム二水和物
 $C_6H_5Na_3O_7 \cdot 2H_2O$　分子量 = 294.1

クエン酸
 $HOOCCH_2C(OH)(COOH)CH_2COOH$　分子量 = 192.1

・用意するもの

1M クエン酸三ナトリウム[※1]	500mL
1M クエン酸[※2]	100mL

[※1] 147gの試薬を500mLの水に溶かし，オートクレーブ．
[※2] 19.2gの試薬を100mLの水に溶かし，密栓オートクレーブ[1]．

❶ 約200mLのクエン酸ナトリウム溶液に，pHを測定しながらクエン酸を加える（数mL程度で十分）．

❷ pHを7.0に合わせ，オートクレーブする．

Data

用　途　クエン酸にはキレート作用があり，核酸を溶かす溶液（GTC溶液，SSC[2]）に使用される．

保　存　室温，あるいは冷蔵庫で保存する．

参照 1）容器の材質と保存条件　214ページ
　　　 2）SSC　90ページ

memo

EDTA

ethlenediamine tetraacetic acid / エチレンジアミン四酢酸

調製法　0.5M EDTA（pH=8.0）　500mL

・使用試薬
エチレンジアミン四酢酸二ナトリウム二水和物
（EDTA 2Na·2H$_2$O）　C$_{10}$H$_{14}$N$_2$O$_8$Na$_2$·2H$_2$O
分子量＝372.24

Point　EDTAは C$_{10}$H$_{16}$N$_2$O$_8$，分子量＝292.24

・用意するもの
EDTA 2Na·2H$_2$O	93.06g
固形水酸化ナトリウム[1]	約10g
5N（あるいは飽和）水酸化ナトリウム	適量

❶ 400mLの水[※1]にEDTA粉末を懸濁し，撹拌しながらpHを測定する．
❷ 固形水酸化ナトリウムを徐々に加える．
❸ pHが徐々に上昇し，やがて完全に溶けるので，水酸化ナトリウム溶液でpHを8.0に合わせ，500mLにメスアップする．
❹ オートクレーブする．

Point　[※1]飽和水酸化ナトリウムで可溶化し，pHを合わせる場合は350mL．固形水酸化ナトリウムは約10g必要．

memo

Data

用 途 pH=7.0〜8.0（あるいはそれ以上）．バッファーや酵素反応液に添加して，重金属による影響を抑えたり，酵素を不活化させたりする．0.1〜5mMの濃度で使用される．

特 性 水に溶けて酸性の性質を示す．代表的キレート試薬．各種二価金属イオンと1：1の錯塩をつくる．

保 存 室温あるいは冷蔵庫で保存する．

備 考 溶解度が低いのでアルカリ塩の形で溶かす．試薬の純度と溶解度を考慮して二ナトリウム塩を用いる．
8.0より低いpHにする場合はEDTA濃度を下げる〔pH=7.3では0.25M（46.53g/500mL）〕．

Point マグネシウムイオン，カルシウムイオンの共存している環境からカルシウムイオンを選択的にキレートして除く場合は，EGTA[2]を使用する．

参照 1）水酸化ナトリウム　18ページ
2）EGTA　42ページ

memo

EGTA

ethylene glycol tetraacetic acid

調製法 0.5M EGTA（pH 8.0）　200mL

・使用試薬
EGTA　$C_{14}H_{24}N_2O_{10}$　分子量＝380.35
（GEDTA：グリコールエーテルジアミン四酢酸ともいう）

・用意するもの

EGTA	38.0g
固形水酸化ナトリウム[1]	約8g
5N（あるいは飽和）水酸化ナトリウム	適量

❶ 180mLの水にEGTA粉末を懸濁し，撹拌しながらpHを測定する[※1]．
❷ 固形水酸化ナトリウムを少し加えてpHをチェックする．
❸ pH上昇が止まったら5N水酸化ナトリウム溶液を少量ずつ追加する．
❹ この操作を繰り返すと約7g加えた時点でほぼ完全に溶ける．
❺ 水酸化ナトリウム溶液でpHを8.0に合わせ，200mLにメスアップする．
❻ オートクレーブする．

memo

> **Point** ※1 この段階では試薬は完全に溶けず,懸濁した状態である.

> **注意** 固形水酸化ナトリウムを一度に大量に加えないようにする.中性を越えて完全溶解に近づくと,水酸化ナトリム添加によってpHが急に上昇する.

> **Point** 水酸化カリウム[2]でpHを合わせる方法もある.

Data

用 途 pH=7.0〜8.0(あるいはそれ以上).0.1〜10mMで使用される代表的な二価・三価金属イオンのキレート剤の1つ.カルシウムイオンに高いキレート効果を示すので,カルシウムイオンで反応・結合するタンパク質や酵素の不活化,あるいは筋肉運動,酵素反応,膜機能,神経機能におけるカルシウムイオンの機能解析などに使われる.

特 性 EDTA[3]がマグネシウムイオンに対して強く作用するのに対し,EGTAはカルシウムイオンやカドミウムイオンに対して強い結合性を示す.DMF (*N, N*-dimethylformamide) などの有機溶媒に対する溶解度がEDTAより高い.

保 存 室温あるいは冷蔵庫で保存する.

> **注意** 原則的に存在するカルシウムイオン濃度以上で使用される.

参照 1) 水酸化ナトリウム 18ページ
2) 水酸化カリウム 19ページ
3) EDTA 40ページ

memo

SDS

sodium dodecylsulphate / ドデシル硫酸ナトリウム

調製法 10%(w/v) SDS 200mL

・使用試薬
SDS $CH_3(CH_2)_{11}OSO_3Na$ 分子量＝288.38 **危険物, 毒性**

① SDS 20gを150mLの滅菌水を撹拌しながら少しずつ溶かす[※1].
② 200mLにメスアップする.

Point [※1] 温めると溶けやすい.

注意 オートクレーブしない.

Data

用 途 タンパク質に結合して可溶化・変性させる．SDS化されたタンパク質は強い負の電荷を帯びる．0.1～1％の範囲で使用する．泡立つ.
SDSポリアクリルアミド電気泳動，細胞の破壊，タンパク質（酵素）の失活，高分子物質の非特異的吸着の防止などに用いる．

特 性 炭素12個の脂肪族分子の末端に硫酸基が結合したドデシル硫酸のナトリウム塩．微粉末（純度の高いものは針状結晶）．陰イオン性の強力な界面活性剤．エタノールにもよく溶ける．

memo

保 存	室温で保存する．
Point	原液は冬期に固化することがある． 純度の低い試薬のなかには，加熱により変性分離するものがある．
備 考	カリウム塩やリチウム塩は沈殿するため，それを含む溶液中では使用しない．
注意	粉末は飛び散りやすいので，ドラフト内で扱う．吸い込んだり，皮膚につけないように注意する．

memo

非イオン性界面活性剤

nonionic detergents

調製法 10 %（v/v）溶液

・試薬名（分子名）

① BriJ 58〔polyoxyethylene (20) cetyl ether〕
   分子量 = 1,120
② Nonidet P-40〔NP-40：polyoxyethylene (9) octylphenyl ether〕 分子量 = 602
③ Triton X-100〔polyoxyethylene (10) octylphenyl ether〕
   分子量 = 628
④ Tween 20（polyoxyethylene sorbitan monolaurate）
   分子量 = 1,228
⑤ Tween 80（polyoxyethylene sorbitan monooleate）
   分子量 = 1,310

● 試薬原液を 9 倍量の滅菌水と混合する.

Data

特　性　穏やかな作用の非イオン性の界面活性剤で上のようにいろいろな種類がある．それぞれ親水性の度合い（④＞①＞⑤＞③＞②）や，界面活性の度合い（②＞③＞①＞④＞⑤）が少しずつ異なるが，いずれも水によく溶ける．タンパク質を変性させることはない．

memo

保 存 室温あるいは冷蔵庫で保存する．

用 途 0.01〜1％の範囲で使用する．
細胞の膜や顆粒からのタンパク質の溶出，タンパク質の安定化，可溶化，高分子の吸着防止などの目的で使用される．

Point タンパク質に弱く結合する．透析などでは完全に除くのは難しく，イオン交換樹脂で吸着させて除く．

memo

ショ糖

sucrose / スクロース, サッカロース

調製法 2M ショ糖　1L

・使用試薬
ショ糖　$C_{12}H_{22}O_{11}$　分子量 = 342.3

1. 684.6gの試薬をはかり，1Lのメスシリンダーに入れる．
2. 少量の滅菌水を入れ，パラフィルムで口を押さえ，時間をかけて室温で溶かす．
3. 最後1Lにメスアップする．

注意　褐変・変質するので，オートクレーブしない．

Data

用　途	細胞の破壊や細胞分画で，安定化や浸透圧上昇のため，また電気泳動バッファーや遠心分離溶液の比重を高める目的で用いる．
特　性	無色透明の結晶．水によく溶け，甘味がある．
保　存	－20℃で保存する．
備　考	濃いショ糖溶液を熱すると（微量の不純物のために）着色する場合がある．高純度試薬や，RNA実験の場合はRNaseフリー試薬の使用が望ましい．

memo

サルコシル

sarkosyl / N-ドデカノイルサルコシン酸ナトリウム
(sodium N-dodecanoylsalcosinate)

調製法 10%(w/v) サルコシル 100mL

・使用試薬

サルコシル

$CH_3(CH_2)_{10}CON(CH_3)CH_2COONa$ 分子量 = 293.38

❶ サルコシル粉末10gを,80mLの滅菌水に撹拌しながら少しずつ溶かす.

❷ 100mLにメスアップする.

注意 オートクレーブ不要.

Data

用途 タンパク質の溶解や,高分子の非特異的吸着防止の目的で用いる.

特性 SDS[1]に似た脂肪族分子の末端にケト基とN-メチル基が結合し,末端が酢酸基のナトリウム塩となっている.陰イオン性界面活性剤であるが,SDSに比べて作用は穏やか.

保存 室温で保存する.

参照 1) SDS 44ページ

memo

TE

Tris-EDTA / 別名：$T_{10}E_1$

調製法　TE　500mL

・用意するもの　　　　　　　　　　　　　　　　　　（最終濃度）

1M トリス塩酸バッファー[1]	5mL	（10mM）
0.5M EDTA[2]	1mL	（1mM）

❶ 各試薬をそれぞれはかり，水で500mLにメスアップする．

❷ 密栓してオートクレーブする[3]．

Data

用　途　DNAを溶解，保存するためのもっとも基本的な溶液．

保　存　室温あるいは冷蔵庫で保存する．

備　考　さまざまなpHのトリス塩酸バッファーを用いて，pH=7.2〜8.0のいろいろなpHで作製される．0.1×TEはTEを水で10倍に薄めたもので，酵素反応にTEの影響が出にくくするために使用する．

参照
1) トリス塩酸バッファー　31ページ
2) EDTA　40ページ
3) 容器の材質と保存条件　214ページ

memo

T$_{50}$E$_1$

Tris-50, EDTA-1

調製法　T$_{50}$E$_1$　500mL

- **用意するもの**　　　　　　　　　　　　　　　　　　　（最終濃度）

1M トリス塩酸バッファー[1]	25mL	(50mM)
0.5M EDTA[2]	1mL	(1mM)

❶ 各試薬をそれぞれはかり，水で500mLにメスアップする．
❷ 密栓してオートクレーブする[3]．

Data

- **用　途**　バッファー作用を強くしたTE[4]．プラスミドをアルカリ溶解法[5]で抽出したあとのDNA沈殿の溶解などに用いる．
- **保　存**　室温または冷蔵庫で保存する．
- **備　考**　さまざまなpHのトリス塩酸バッファーを用いて，pH=7.2〜8.0のいろいろなpHで作製される．

参照
1) トリス塩酸バッファー　31ページ
2) EDTA　40ページ
3) 容器の材質と保存条件　214ページ
4) TE　50ページ
5) アルカリ溶解法　54〜56ページ

memo

TEN

Tris-EDTA-NaCl /
別名：STE (sodim chlodide-Tris-EDTA), TNE (Tris-NaCl-EDTA)

調製法　TEN　500mL

・用意するもの　　　　　　　　　　　　　　　　　　（最終濃度）

1M トリス塩酸バッファー[1]	5mL	(10mM)
5M 塩化ナトリウム[2]	10mL	(100mM)
0.5M EDTA[3]	1mL	(1mM)

❶ **各試薬をそれぞれはかり，水で500mLにメスアップする．**
❷ **密栓してオートクレーブする[4]．**

Data

用　途　TE[5]に塩化ナトリウムを加え，生理的塩濃度に近づけたもの．DNAを溶かすと同時に細胞を懸濁させる目的もあわせもつ．動物細胞や細菌を懸濁し，そこから核酸を抽出するときに用いる．

保　存　室温，あるいは冷蔵庫で保存する．

備　考　さまざまなpHのトリス塩酸バッファーを用いて，pH=7.2〜8.0のいろいろなpHで作製される．

参照　1）トリス塩酸バッファー　31ページ
　　　2）塩化ナトリウム　21ページ
　　　3）EDTA　40ページ
　　　4）容器の材質と保存条件　214ページ
　　　5）TE　50ページ

memo

DEPC水

DEPC water

調製法 0.1% DEPC

・使用試薬

DEPC（diethylpyrocarbonate，ジエチルピロカーボネート）
別名：二炭化ジエチル（diethyldicarbonate）
$(C_2H_5OCO)_2O$ 分子量＝162.14 **危険物，引火性**
芳香をもつ液体試薬．煮沸により分解される．

❶ 保存瓶に入れた1Lの水にDEPCを1mL加えて混合し，2時間以上室温放置する．

❷ 瓶のフタを少し緩めて20〜40分間オートクレーブし，DEPCを分解揮発させる．

Data

用 途　DEPCには強いRNase阻害効果があり，RNaseフリー水としてRNA実験に使用する．

保 存　室温，あるいは冷蔵庫で保存する．

備 考　タンパク質に結合する．RNAにも多少結合するが，ハイブリダイゼーションには影響しない．

注意　原液は毒性・揮発性なのでドラフトで扱う．
器具の処理ではオートクレーブする前のDEPC水に器具を2時間以上浸し，滅菌水で洗浄後15分間煮沸するか，オートクレーブする．

memo

アルカリ溶解法：溶液Ⅰ

solution Ⅰ for alkaline lysis method

調製法　溶液Ⅰ　1L

・**使用試薬**
　D-グルコース（ブドウ糖）$C_6H_{12}O_6$　分子量 = 180.16
　1M トリス塩酸バッファー（pH=8.0）[1]
　0.5M EDTA（pH=8.0）[2]

・**用意するもの**　　　　　　　　　　　　　　　　　　（最終濃度）
　D-グルコース　　　　　　　　　　　　　9g　　（50mM）
　1M トリス塩酸バッファー　　　　　　25mL　　（25mM）
　0.5M EDTA　　　　　　　　　　　　　20mL　　（10mM）

● 試薬を溶解し，水で1Lにメスアップした後オートクレーブする．

Data

用　途　プラスミドをアルカリ溶解法で調製する際に用いる．

保　存　冷蔵庫で保存する．

備　考　リゾチーム[3]を1mg/mL加えると，プラスミド抽出効率が高まる．

参照　1）トリス塩酸バッファー　31ページ
　　　2）EDTA　40ページ
　　　3）リゾチーム　57ページ

memo

アルカリ溶解法：溶液Ⅱ

solution Ⅱ for alkaline lysis method

調製法　溶液Ⅱ　1L

- **用意するもの** （最終濃度）
  水酸化ナトリウム*　　　　　　　　　8g　　（0.2N）
  SDS[1]　　　　　　　　　　　　　　10g〔1%（w/v）〕

  *5N 水酸化ナトリウム[2]であれば40mL．

- 試薬を溶解し，水で1Lにメスアップする．

Data

用　途　大腸菌からプラスミドDNAをアルカリ溶解法で調製する際に用いる溶液．溶液Ⅰ[3]の次に用いる．細胞が溶け，DNAが変性する．

保　存　室温で保存する．

備　考　添加後ただちに撹拌する．処理は5分程度にとどめ，溶液Ⅲ[4]添加に移る．

注意　長時間処理するとDNAが切断されるので注意．

参照　1) SDS　44ページ
　　　2) 水酸化ナトリウム　18ページ
　　　3) アルカリ溶解法：溶液Ⅰ　54ページ
　　　4) アルカリ溶解法：溶液Ⅲ　56ページ

memo

56　第2章 -2. 核酸の抽出

アルカリ溶解法：溶液Ⅲ

solution Ⅲ for alkaline lysis method

調製法　溶液Ⅲ　1L

- **使用試薬**

    酢酸カリウム[1]
    酢酸[2]

- **用意するもの**　　　　　　　　　　　　　　　　　　（最終濃度）

    酢酸カリウム　　　　　　　　　294.5g　　　　（3M）
    酢酸　　　　　　　　　　　　　120mL　　　　（2M）

● 少なめの水（～530mL）に酢酸を入れてから酢酸カリウムを溶かし，水で1Lにメスアップする．

注意　オートクレーブしない．

Data

用　途　大腸菌からプラスミドをアルカリ溶解法で調製する際に用いる溶液．溶液Ⅰ[3]，Ⅱ[4]に続いて用いる．濃い酸性溶液のため，溶液を中和できる．最終的にカリウムイオンは3M，酢酸イオンは5Mになる．

保　存　室温，あるいは冷蔵庫で保存する．

備　考　溶液Ⅱ中のSDS[5]はカリウム塩の白い沈殿となって除かれる．

注意　溶液Ⅲ添加後のpHはDNAにとって不安定な酸性のため，早めに遠心操作で上清を分離し，沈殿操作に移る．

参照　1）酢酸カリウム　26ページ
　　　　2）酢酸　17ページ
　　　　3）アルカリ溶解法：溶液Ⅰ　54ページ
　　　　4）アルカリ溶解法：溶液Ⅱ　55ページ
　　　　5）SDS　44ページ

リゾチーム

lysozyme

調製法　50mg/mL リゾチーム　20mL

- **用意するもの**　　　　　　　　　　　　　　　　（最終濃度）

結晶リゾチーム	1g	（50mg/mL）
1Mトリス塩酸バッファー（pH=8.0)[1]	0.2mL	（10mM）
滅菌水	18.8mL	

● 上記試薬を溶解する．

Data

用　途　リゾチームは細菌の細胞壁（ペプチドグリカン）を分解する．大腸菌の溶解に使用される．1〜2mg/mLの濃度で使用する．

保　存　小分けして−20℃で保存する．

注意　いったん融かしたものは破棄する．

備　考　酵素がよく効くように，pHを8.0程度に保つ．

注意　酸性にすると活性が低下する．

参照　1）トリス塩酸バッファー　31ページ

memo

STET/STETL

sodium chloride-Tris-EDTA-Triton /
sodium chloride-Tris-EDTA-Triton lysozyme

調製法　STET　500mL

・**用意するもの**　　　　　　　　　　　　　　　　　　　（最終濃度）

1Mトリス塩酸バッファー（pH=8.0)[1]	5mL	(10mM)
5M 塩化ナトリウム[2]	10mL	(100mM)
0.5M EDTA (pH=8.0)[3]	1mL	(1mM)
Triton X-100[4]	25mL	〔5％(v/v)〕
滅菌水	459mL	

● 上記を混合し，保存瓶に入れる．

Point　STETLはここに50mg/mLのリゾチーム[5]を1/100容量加える．

注意　リゾチームは使用時に加える．

Data

特　徴　煮沸法で細菌からプラスミドを抽出するときに使う．

保　存　冷蔵庫で保存する．

Point　Triton X-100で細胞膜を壊れやすくしている．

参照
1) トリス塩酸バッファー　31ページ
2) 塩化ナトリウム　21ページ
3) EDTA　40ページ
4) 非イオン性界面活性剤　46ページ
5) リゾチーム　57ページ

memo

TNM

Tris-NaCl-Mg

調製法 TNM 500mL

- **用意するもの** (最終濃度)

1M トリス塩酸バッファー (pH=7.5)[1]	10mL	(20mM)
5M 塩化ナトリウム[2]	10mL	(100mM)
1M 塩化マグネシウム[3]	0.75mL	(1.5mM)

❶ 上記試薬を混合し,水で500mLにメスアップする.
❷ 密栓してオートクレーブする[4].

Data

用 途 真核細胞からDNAを抽出するときに使用する.

Point クロマチン安定化のためにマグネシウムイオンが添加されている.

保 存 室温,あるいは冷蔵庫で保存する.

参照
1) トリス塩酸バッファー　31ページ
2) 塩化ナトリウム　21ページ
3) 塩化マグネシウム　23ページ
4) 容器の材質と保存条件　214ページ

memo

水飽和フェノール

water-saturated phenol

調製法 水飽和フェノール ～500mL

・使用試薬

結晶フェノール（核酸抽出用） 劇物指定，腐食性

C_6H_5OH　分子量 = 94.11

結晶フェノールのビン（500g）を68～70℃の水槽に入れて試薬を融かす．水によく溶ける．

キノリノール (8-quinolinol, 8-hydroxyquinoline)

分子量 = 145.16

水に溶けにくいが，有機溶媒によく溶ける．抗酸化作用がある．

・用意するもの
（最終濃度）

融解フェノール	500g	
滅菌水	150mL	
キノリノール	0.5g	〔～0.1%（w/w）〕

❶ 融解したフェノールに水とキノリノールを加え，瓶のフタを閉めて3分間混合する[※1]．

❷ 2層に分かれるので下層（フェノール層）を残し，上層（水層）をガラスピペットで除く[※2]．

memo

> **Point** ※1 これ以降は固まらない.
> ※2 フェノールが直接空気に触れないよう,保存するときは上層を少し残す.

> **注意** 手袋を着用して作製する.

Data

> **特　徴** 酸性のフェノール溶液.RNAの抽出,精製(除タンパク質など)に用いる.

> **Point** 上層(水層)はとらず,下層のフェノール層(キノリノールで黄色に着色している)を使う.

> **保　存** 遮光して冷蔵庫で保存する.

> **注意** 褐変したものは使えない.

> **備　考** 水やエタノールによく溶ける.

> **注意** 皮膚についたらただちに石鹸(中和の意味)と大量の水で洗う.
> 廃液や水層は流しに流さず,専門の業者に処理を依託する.

> **Point** 水の代りにTE[1]を使うとTE飽和フェノールとなる.水飽和フェノールを一度TEで平衡化し直してもよい.

> **参照** 1) TE　50ページ

memo

トリス・フェノール

Tris-saturated phenol

調製法　トリス・フェノール　～500mL

・使用試薬

結晶フェノール（核酸抽出用） 劇物指定，腐食性

C_6H_5OH　分子量 = 94.11

結晶フェノールのビン（500g）を68～70℃の水槽に入れ，試薬を融かす．

キノリノール（8-quinolinol, 8-hydroxyquinoline）

分子量 = 145.16

水に溶けにくいが，有機溶媒によく溶ける．抗酸化作用がある．

0.5M トリス塩酸バッファー（pH=8.0）[1]

・用意するもの　　　　　　　　　　　　　　　　　　（最終濃度）

融解フェノール	500g	
0.5M トリス塩酸バッファー[※1]	800mL	
キノリノール	0.5g	〔～0.1％（w/w）〕

Point　[※1] 2回に分けて添加する（後述）．

❶ 融解したフェノールをフタのできる大きめのガラス瓶に移す．

❷ トリス塩酸バッファー（400mL）とキノリノールを加え，瓶のフ

memo

タを閉めて5分間よく混合する[※2].

❸ **上層をガラスピペットで除き**[※3]，**さらにトリス塩酸バッファー（400mL）を加えて混合する．**

Point [※2] これ以降は固まらない．
[※3] フェノールが直接空気に触れないよう，上層を少し残す．

注意 手袋を着用して操作する．

Data

特 徴 DNAの抽出，精製に用いる．

Point 下層のフェノール層（キノリノールで黄色に着色している）を使う．
RNA用には水飽和フェノール[2]を使用する．

保 存 遮光して冷蔵庫で保存する．

注意 褐変したものは使えない．
皮膚についたらただちに大量の水で洗う．
廃液や水層は流しに流さず，専門の業者に処理を依頼する．

参照 1) トリス塩酸バッファー　31ページ
2) 水飽和フェノール　60ページ

memo

CIA（クロロホルム・イソアミルアルコール）

chloroform-isoamyl alcohol
（クロロホルム・イソアミルアルコール混合液）

調製法 CIA 250mL

・使用試薬

クロロホルム（chloroform） 劇物指定，毒性，揮発性
$CHCl_3$ 分子量 = 119.38 密度 = 1.49g/cm^3

イソアミルアルコール（isoamyl alcohol） 引火性，危険物指定
$C_5H_{11}OH$ 分子量 = 88.15

● クロロホルムとイソアミルアルコールを24：1の比（240mLと10mL）で混合する．

Data

用　途　核酸抽出に用いる．

Point　イソアミルアルコールはクロロホルムと水層との分離をよくする．

保　存　室温で保存する．

備　考　ドラフト内で取り扱う．

注意　プラスチックによっては溶けるものがある[1]．
有機廃液は流しに流さず，専門の業者に処理を依頼する．

参照 1) 計量器具：表1-1　205ページ

memo

フェノール・クロロホルム

phenol-chloroform / 別名：クロロパン (chloropane)

調製法　フェノール・クロロホルム　〜500mL

・用意するもの

調製済フェノール	250mL
RNA用：水飽和フェノール[1]	
DNA用：トリス・フェノール[2]	
CIA[3]	250mL

● 両試薬を等量ずつ入れて混合する．

Point　フェノールに溶けていた水が上層に出るが，そのまま残す．

注意　手袋を着用して操作する．

Data

用途　核酸の抽出，精製に用いる．タンパク質変性効果は多少弱いが，水層との分離がよい．フェノール抽出に引き続いて使うこともある．

保存　遮光して冷蔵庫で保存する．

注意　廃液は流しに流さず，専門の業者に処理を依頼する．

参照
1) 水飽和フェノール　60ページ
2) トリス・フェノール　62ページ
3) CIA　64ページ

memo

70％エタノール

ethanol / 別名：ethyl alcohol

調製法　70％エタノール　500mL

・**使用試薬**
　無水エタノール〔無水アルコール（99.5％）〕危険物，引火性
　C_2H_5OH　分子量 = 46.07

・**用意するもの**　　　　　　　　　　　　　　　　　　　　（最終濃度）
　無水エタノール　　　　　　　　　350mL　〔70％（v/v）〕
　滅菌水　　　　　　　　　　～150mL 以上
● 上記試薬を合わせ，滅菌水で500mLにメスアップする．

Point　エタノールを加えると液量が減るので，150mL以上の水が必要となる．

Data

用　途　核酸のエタノール沈殿やイソプロパノール沈殿後の沈殿洗浄に用いる．

保　存　冷蔵庫，あるいは-20℃で保存する．

備　考　核酸沈殿用のエタノールも，冷蔵庫あるいは-20℃で保存する．

memo

エチジウムブロマイド

EtBr

調製法 10mg/mL エチジウムブロマイド 200mL

・使用試薬

エチジウムブロマイド（臭化エチジウム, ethidium bromide）
$C_{21}H_{20}BrN_3$　分子量 = 394.32　有害性，変異原性

深赤色．水，エタノールによく溶ける．強い変異原性があり発がん性も疑われる．

❶ 遮光性瓶に試薬を2g入れ，200mLの水を直接注ぐ[※1]．
❷ スターラーバーを入れて一晩撹拌する．

Point [※1] 濃度設定の厳密さは失われるが，問題ない．

Data

用　途　二本鎖DNAの隙間に入り込んで結合する（線状＞開環状＞閉環状の順の結合量）．核酸に結合した状態で紫外線を受けるとオレンジ色の蛍光を発する．同様の目的でSYBR® Green/Gold染色液[1] が使える．
1～5μg/mL（ゲルの染色）～100μg/mL（塩化セシウム平衡遠心）で使用する．

保　存　室温，あるいは冷蔵庫で保存する．

注意　ハイター（花王株式会社）などの過塩素酸剤を加え（無色になる），無毒化してから捨てる．

参照　1) SYBR® Green/Gold染色液　144ページ

memo

DNA 沈殿用 PEG

PEG solution for DNA precipitation

調製法 13% PEG 500mL

・使用試薬
PEG 6000（ポリエチレングリコール6000，polyethyleneglycol 6000）平均分子量 = 7,500
5M 塩化ナトリウム[1]

・用意するもの (最終濃度)
PEG 6000	65g	〔13%（w/v）〕
5M 塩化ナトリウム	80mL	(0.8M)

● 350mLの水にPEG 6000を溶かし，塩化ナトリウムを加えた後に500mLにメスアップする．

Data

用　途　DNA沈殿（PEG沈：等量のDNA溶液と混合後1時間氷冷し，遠心分離で沈殿を回収する）に用いる．

保　存　オートクレーブし，室温で保存する．

備　考　PEGはフェノール・クロロホルム[2]抽出で除去する．PEGを20%，塩化ナトリウムを1.6Mにする方法もある．

参照　1）塩化ナトリウム　21ページ
　　　　2）フェノール・クロロホルム（クロロパン）　65ページ

memo

プロナーゼ

pronase

調製法　20mg/mL プロナーゼ　20mL

・用意するもの　　　　　　　　　　　　　　　　　（最終濃度）

プロナーゼ	0.4g（20mg/mL）
滅菌水	20mL

● 滅菌試験管で試薬を溶かし，37℃で1時間保温する．

Point　自己消化により，混在する酵素（ヌクレアーゼなど）が分解される．

Data

用　途　放線菌由来のセリンプロテアーゼと酸性プロテアーゼの混合物で，天然のタンパク質の大部分を分解できる．
　　　　DNA，RNAの精製に利用される．
　　　　1mg/mLの濃度で使用する．

保　存　小分けして－20℃で保存する．

備　考　SDS[1]存在下でも作用する．

参照　1) SDS　44ページ

memo

プロテナーゼK

proteinase K

調製法　5mg/mLプロテナーゼK・10mL

- **用意するもの**　　　　　　　　　　　　　　　　　　（最終濃度）
  - プロテナーゼK　　　　　　　　　　　　50mg　（5mg/mL）
  - 滅菌水　　　　　　　　　　　　　　　　10mL
- ● 滅菌試験管に酵素と水を入れて溶かす．

Data

- **用　途**　天然のタンパク質の大部分を分解できる強力なプロテアーゼ．DNA，RNAの精製に使用する．
  50μg/mLの濃度で使用する．
- **保　存**　小分けして-20℃で保存する．
- **備　考**　SDS[1)]存在下でも作用する．
- **参照**　1) SDS　44ページ

memo

DNaseフリーRNase

DNase-free RNase

調製法　10mg/mL RNase A　10mL

・用意するもの　　　　　　　　　　　　　　　　　　　　（最終濃度）

RNase A（ウシ膵臓RNase）	0.1g	（10mg/mL）
1M トリス塩酸バッファー（pH=7.5)[1]	0.1mL	（10mM）
5M 塩化ナトリウム[2]	0.03mL	（15mM）
滅菌水	9.87mL	

❶ 酵素を耐熱性滅菌試験管にとり，各溶液と水を入れて溶かす．
❷ 密栓して15分間煮沸する．

Data

用　途　もっとも一般的なRNA分解酵素．

Point　煮沸することにより，混在するDNsaeを失活させる．

保　存　小分けして-20℃で保存する．

参照　1）トリス塩酸バッファー　31ページ
　　　2）塩化ナトリウム　21ページ

memo

TE飽和ブタノール

TE-saturated butanol

調製法　TE飽和ブタノール　　約50mL

・用意するもの
　n-ブタノール　$CH_3(CH_2)_3OH$　分子量=74.1　**危険物**
　TE[1]

● 25mLのブタノールと等量のTEを混ぜる．上層（ブタノール層）を使用する．

＜塩化セシウムを含むDNA溶液に使用する場合＞

・上記の他に用意するもの
　塩化セシウム　CsCl　分子量=168.36

● TE 15mLに塩化セシウム15gを溶かす．ブタノール約25mLを混ぜ，静置したのち上層を使用する．

Data

用　途　DNA溶液からエチジウムブロマイドを除くときに使う．

Point　TEが残っていればブタノールを再度追加できる．

保　存　室温で保存する．

参照　1）TE　50ページ

memo

ジエチルエーテル

diethyl ether

調製法　水飽和ジエチルエーテル　500g

・使用試薬

　ジエチルエーテル　**危険物，引火性**

　$(C_2H_5)_2O$　分子量＝74.12

❶ 500gの試薬が入ってる瓶に5mL程度の水を直接加えて混合する．

❷ 水は下層に残るが，そのまま密栓して冷蔵庫に保存する．

> **注意**　揮発性と引火性（引火点＝－44℃）が非常に高く，裸火のある場所では使用しない．ドラフト内で操作する．

Data

用　途　水溶液に存在するフェノールや有機溶媒の除去で使用する．小動物の麻酔剤としても使用する．

Point　抽出後の残存エーテルは空気のバブリングや体温程度の保温で除く．

特　性　水はわずかにしか溶けないが，水を加えることで，反応性の高い過酸化物の発生を阻止できる．

memo

Lowバッファー
low buffer

調製法 10×バッファー 1mL

・用意するもの （最終濃度）

1M トリス塩酸バッファー (pH=7.5)[1]	0.1mL	(100mM)
1M 塩化マグネシウム[2]	0.1mL	(100mM)
1M DTT[3]	0.01mL	(10mM)
滅菌水	0.79mL	

● 上記試薬を混合する．

Data

用　途　塩のほとんどない状態で最大活性を示す制限酵素の反応液．反応液の1/10量用いる．

保　存　−20℃で保存する．

備　考　長時間反応させるときは，酵素の安定性を高めるためにTritonX-100[4]やBSA[5]を0.01％になるように加える．

参照
1) トリス塩酸バッファー　31ページ
2) 塩化マグネシウム　23ページ
3) DTT　103ページ
4) 非イオン性界面活性剤　46ページ
5) BSA　108ページ

memo

Mediumバッファー

medium buffer

調製法 10×バッファー 1mL

・用意するもの　　　　　　　　　　　　　　　　（最終濃度）

1M トリス塩酸バッファー（pH=7.5）[1]	0.1mL	（100mM）
1M 塩化マグネシウム[2]	0.1mL	（100mM）
1M DTT[3]	0.01mL	（10mM）
5M 塩化ナトリウム[4]	0.1mL	（500mM）
滅菌水	0.69mL	

● 上記試薬を混合する．

Data

用　途　塩化ナトリウム50mM程度で最大活性を示す酵素の反応液．反応液の1/10量用いる．

保　存　−20℃で保存する．

備　考　長時間反応させるときは，酵素の安定性を高めるためにTritonX-100[5]やBSA[6]を0.01％になるように加える．

参照　1）トリス塩酸バッファー　31ページ
　　　　2）塩化マグネシウム　23ページ
　　　　3）DTT　103ページ
　　　　4）塩化ナトリウム　21ページ
　　　　5）非イオン性界面活性剤　46ページ
　　　　6）BSA　108ページ

memo

Highバッファー

high buffer

調製法 10×バッファー 1mL

・用意するもの (最終濃度)

1M トリス塩酸バッファー (pH=7.5)[1]	0.5mL	(500mM)
1M 塩化マグネシウム[2]	0.1mL	(100mM)
1M DTT[3]	0.01mL	(10mM)
5M 塩化ナトリウム[4]	0.2mL	(1M)
滅菌水	0.19mL	

● 上記試薬を混合する.

Data

用 途 塩化ナトリウム100mM程度で最大活性を示す酵素の反応液. 反応液の1/10量用いる.

保 存 −20℃で保存する.

備 考 長時間反応させるときは,酵素の安定性を高めるためにTritonX-100[5]やBSA[6]を0.01％になるように加える.

参照
1) トリス塩酸バッファー 31ページ
2) 塩化マグネシウム 23ページ
3) DTT 103ページ
4) 塩化ナトリウム 21ページ
5) 非イオン性界面活性剤 46ページ
6) BSA 108ページ

memo

KClバッファー

KCl buffer

調製法　10×バッファー　1mL

- **用意するもの**　　　　　　　　　　　　　　　　（最終濃度）

1M トリス塩酸バッファー（pH=8.5）[1]	0.2mL	（200mM）
1M 塩化マグネシウム[2]	0.1mL	（100mM）
1M DTT[3]	0.01mL	（10mM）
3M 塩化カリウム[4]	0.333mL	（1M）
滅菌水	0.357mL	

- 上記試薬を混合する.

Data

- **用　途**　高濃度塩化カリウムと，高めのpHで最大活性を示す酵素の反応液．反応液の1/10量用いる．

- **保　存**　−20℃で保存する．

- **備　考**　長時間反応させるときは，酵素の安定性を高めるためにTritonX-100[5]やBSA[6]を0.01％になるように加える．

参照
1) トリス塩酸バッファー　31ページ
2) 塩化マグネシウム　23ページ
3) DTT　103ページ
4) 塩化カリウム　22ページ
5) 非イオン性界面活性剤　46ページ
6) BSA　108ページ

memo

Sal I バッファー

Sal I buffer

調製法　10×バッファー　1mL

・用意するもの （最終濃度）

1M トリス塩酸バッファー (pH=7.5)[1]	0.1mL	(100mM)
1M 塩化マグネシウム[2]	0.1mL	(100mM)
1M DTT[3]	0.01mL	(10mM)
5M 塩化ナトリウム[4]	0.35mL	(1.75M)
滅菌水	0.44mL	

● 上記試薬を混合する.

Data

用　途　特に高濃度の塩化ナトリウムで最大活性を示す酵素の反応液. 反応液の1/10量用いる.

保　存　−20℃で保存する.

備　考　長時間反応させるときは, 酵素の安定性を高めるためにTritonX-100[5]やBSA[6]を0.01％になるように加える.

参照　1) トリス塩酸バッファー　31ページ
　　　　2) 塩化マグネシウム　23ページ
　　　　3) DTT　103ページ
　　　　4) 塩化ナトリウム　21ページ
　　　　5) 非イオン性界面活性剤　46ページ
　　　　6) BSA　108ページ

memo

Tバッファー

T buffer

調製法　10×バッファー　1mL

- **用意するもの**　　　　　　　　　　　　　　　　　（最終濃度）

1M トリス酢酸バッファー (pH=7.9)[1]	0.33mL	（330mM）
1M 酢酸マグネシウム[2]	0.1mL	（100mM）
1M DTT[3]	0.01mL	（10mM）
3M 酢酸カリウム[4]	0.22mL	（660mM）
滅菌水	0.34mL	

- 上記試薬を混合する.

Data

用　途　酢酸塩の状態で高い活性を示す酵素の反応液. 反応液の1/10量用いる.

保　存　−20℃で保存する.

備　考　長時間反応させるときは, 酵素の安定性を高めるためにTritonX-100[5]やBSA[6]を0.01%になるように加える.

参照
1) トリス酢酸バッファー　33ページ
2) 酢酸マグネシウム　24ページ
3) DTT　103ページ
4) 酢酸カリウム　26ページ
5) 非イオン性界面活性剤　46ページ
6) BSA　108ページ

memo

ヌクレオチド（dNTPを中心に）

deoxyribonucleoside triphosphate
（2′-デオキシヌクレオシド三リン酸）

調製法　50mM dNTP

・各ヌクレオチド

dATP（2′-deoxyadenosine 5′-triphosphate・2Na）
分子量 = 535.2

dTTP（TTP）〔（2′-deoxy）thymidine 5′-triphosphate・3Na〕
分子量 = 548.2

dCTP（2′-deoxycytidine 5′-triphosphate・2Na）
分子量 = 511.1

dGTP（2′-deoxyguanosine 5′-triphosphate・Na）
分子量 = 551.1

❶ 試薬瓶（試薬25mg）に直接滅菌水0.5mLを入れて溶かす．
❷ 50mMトリス塩基[1]，あるいは2N水酸化ナトリウム[2]をマイクロピペットで微量加え，試験紙でチェックしてpH=7.0に合わせる．
❸ 試薬に応じ，以下の液量までメスアップする．

dATP：0.934mL 　　dTTP：0.912mL
dCTP：0.978mL 　　dGTP：0.5mL

Data

保　存　小分けして−20℃で保存する．

memo

備　考　DNA合成反応の基質として使用する．正確な濃度は以下のモル吸光係数[※1]で求められる．

　　　　A=15400（A_{259}）　　　T=7400（A_{260}）
　　　　C=9100（A_{271}）　　　G=13700（A_{253}）

Point　[※1] $\varepsilon = M^{-1} \times$ 吸光度（OD）[3)]

参照　NTPやddNTP（4μmole試薬瓶の場合，0.4mLできる）も類似の方法で作れる．

NTP（分子量）	ATP·2Na·3H$_2$O（605.2）
	UTP·3Na（550.1）
	CTP·2Na·2H$_2$O（563.2）
	GTP·2Na（567.2）
ddNTP（分子量）	ddATP·4Na·3H$_2$O（617.2）
	ddTTP·3Na·3H$_2$O（550.1）
	ddCTP·4Na（563.2）
	ddGTP·2Na·2H$_2$O（567.2）

参照　1）トリス塩酸バッファー　31ページ
　　　　2）水酸化ナトリウム　18ページ
　　　　3）濃度計算と確認　206ページ

memo

T4ポリヌクレオチドキナーゼ

T4 polynucleotide kinase

調製法　10×反応液　1mL

・用意するもの　　　　　　　　　　　　　　　　　（最終濃度）
1M トリス塩酸バッファー (pH=7.5)[1]	0.5mL	(500mM)
1M 塩化マグネシウム[2]	0.1mL	(100mM)
1M DTT[3]	0.05mL	(50mM)
滅菌水	0.35mL	

● 上記試薬を混合する.

Point 組換えに使用するDNA末端のリン酸化の場合，ATP[4]を1mM加えて反応させる.

Data

用　途　脱リン酸化されたDNAやRNAの5′端リン酸化.

Point 核酸末端をアイソトープ標識する場合はATPの代わりに，[γ-^{32}P] ATPを用いる. 5′端リン酸化DNAでも，逆反応を利用して標識リン酸を取り込ませられる.

保　存　−20℃保存.

参照 1）トリス塩酸バッファー　31ページ
　　　2）塩化マグネシウム　23ページ
　　　3）DTT　103ページ
　　　4）ヌクレオチド　80ページ

memo

アルカリホスファターゼ

alkaline phosphatase / BAP / CIP, CIAP

調製法　10×バッファー　1mL

- **用意するもの**　　　　　　　　　　　　　　　　　　（最終濃度）

1M トリス塩酸バッファー[1]	0.5mL	（500mM）
BAP（pH=8.3），CIP（pH=9.0）		
1M 塩化マグネシウム[2]	0.01mL	（10mM）
滅菌水	0.49mL	

- 上記試薬を混合する．

Data

用　途　DNAの再連結防止や標識リン酸化反応の基質調製に用いる．反応液の1/10量用いる．BAP：大腸菌由来．CIP，CIAP：ウシ小腸由来．

保　存　−20℃で保存する．

備　考　核酸に結合したリン酸やタンパク質に結合したリン酸などを分解する．65℃，10分でも活性を保持する．

Point　BAPは熱に強いが，CIPは65℃，30分で失活する．

参照　1）トリス塩酸バッファー　31ページ
　　　　2）塩化マグネシウム　23ページ

memo

T4 DNAリガーゼ

T4 DNA ligase

調製法　$10 \times$ バッファー　1mL

・用意するもの　　　　　　　　　　　　　　　（最終濃度）

1M トリス塩酸バッファー (pH=7.5)[1]	0.5mL	(500mM)
1M 塩化マグネシウム[2]	0.066mL	(66mM)
1M DTT[3]	0.1mL	(100mM)
滅菌水	0.334mL	

● 上記試薬を混合する.

注意　ATP[4]を1mM加えて反応させる.

Data

用　途　5´-Pと3´-OHをもつDNAの連結反応（ライゲーション）に用いる. 反応液の1/10量用いる.

備　考　酵素はATP要求性. ATPは別に保存し, 使用時に加える. 平滑末端同士も連結できる.

Point　大腸菌DNAリガーゼはNAD（0.1mM）要求性. T4 RNAリガーゼは一本鎖DNAや, オリゴヌクレオチドの連結に使用される.

参照
1) トリス塩酸バッファー　31ページ
2) 塩化マグネシウム　23ページ
3) DTT　103ページ
4) ヌクレオチド　80ページ

memo

BigDye® 希釈バッファー

BigDye® dilution buffer

調製法 　BigDye® 希釈バッファー　10mL

- **用意するもの**　　　　　　　　　　　　　　　（最終濃度）

1M トリス塩酸バッファー（pH 9.0）[1]	2.5mL	（250mM）
1M 塩化マグネシウム[2]	0.1mL	（10mM）
滅菌水	7.4mL	

- ●上記試薬を混合する．

Data

用　途　BigDye®（ライフテクノロジーズ社）を用いたシークエンス反応液の希釈に使用する．

保　存　冷蔵庫で保存する．

参照　1）トリス塩酸バッファー　31ページ
　　　　2）塩化マグネシウム　23ページ

memo

クレノーフラグメント

Klenow fragment /
別名：DNAポリメラーゼIラージフラグメント

調製法　10×バッファー　1mL

・用意するもの　　　　　　　　　　　　　　　　　　　（最終濃度）

1M トリス塩酸バッファー (pH=7.5)[1]	0.1mL	(100mM)
1M 塩化マグネシウム[2]	0.07mL	(70mM)
1M DTT[3]	1μL	(1mM)
滅菌水	0.829mL	

● 上記試薬を混合する．

注意　基質ヌクレオチド[4]を各25～50μM加えて反応させる．

Data

用　途　DNAシークエンシング，5′突出末端のフィルイン，3′突出末端の除去などに用いる．反応液の1/10量を用いる．

特　性　大腸菌DNAポリメラーゼIから5′→3′エキソヌクレアーゼを除いたもの．

保　存　−20℃で保存する．

備　考　反応速度が高すぎるとヌクレアーゼ活性が高まるので，室温で反応させる．酵素は高濃度で凝集する．

参照
1) トリス塩酸バッファー　31ページ
2) 塩化マグネシウム　23ページ
3) DTT　103ページ
4) ヌクレオチド　80ページ

memo

PCR

polymerase chain reaction

調製法　反応液　25μL

・用意するもの　　　　　　　　　　　　　　　　（最終濃度）

耐熱性ポリメラーゼ	0.5〜1単位	
10×反応液※	2.5μL	（×1）
各2.5mM dNTP[1]	2μL	（0.2mM）
鋳型DNA	数μL	
10μM フォワードプライマー	1.25μL	（0.5μM）
10μM リバースプライマー	1.25μL	（0.5μM）

● 合計25μLになるように滅菌水を計算し，上記試薬と混合する．

※組成：0.1M トリス塩酸バッファー（pH=8.3）[2]，0.5M 塩化カリウム[3]，15mM 塩化マグネシウム[4]

注意　溶液が蒸発しないように，デッドスペースの少ないマイクロチューブを使用するか，混合後に流動パラフィンを重層する．

memo

Data

反応例 標準的1サイクルは以下のとおり．

```
93～95℃                              0.5 分  ┐
             （スタート時のみ 1～2 分）        │
反応に特異的な Tm 温度[5]              0.5 分  ├ 25～30
ポリメラーゼの反応温度                         │  サイクル
  増幅しようとする DNA 1kb あたり 0.5～1 分  ┘
                    ↓
         4℃にして反応終了
```

反応温度は Taq ポリメラーゼの場合，70～72℃．これより高温で反応できる酵素もある．

参照
1) ヌクレオチド　80ページ
2) トリス塩酸バッファー　31ページ
3) 塩化カリウム　22ページ
4) 塩化マグネシウム　23ページ
5) DNAの変性とTm　225ページ

memo

その他の酵素の反応液

reaction mixture for other enzymes

調製法

以下の組成の10倍，あるいは20倍の濃さのストック溶液を調製し，それを10％あるいは5％の濃度で使用する．

A：DNAポリメラーゼ

T4 DNA ポリメラーゼ		M-MuLV 逆転写酵素		ターミナルトランスフェラーゼ(TdT)	
Tris-HCl(pH7.9)	10mM	Tris-HCl(pH8.3)	50mM	Tris-HCl(pH7.9)	20mM
NaCl	50mM				
$MgCl_2$	10mM	KCl	75mM	酢酸カリウム	50mM
DTT	1mM	DTT	10mM	酢酸マグネシウム	10mM
BSA	0.1mg/mL	$MgCl_2$	3mM	DTT	1mM
dNTP	20〜50μM	dNTP	0.2〜0.5mM	BSA	0.1mg/mL

B：ヌクレアーゼ

DNase I		S1 ヌクレアーゼ		マイクロコッカルヌクレアーゼ	
Tris-HCl(pH7.5)	50mM	酢酸ナトリウム(pH4.6)		Tris-HCl(pH8.0)	20mM
$MgSO_4$	10mM		30mM	NaCl	5mM
DTT	1mM	NaCl	280mM	$CaCl_2$	2.5mM
		$ZnSO_4$	1mM		

Bal31 ヌクレアーゼ		Mung Bean ヌクレアーゼ		RNase H	
Tris-HCl(pH8.0)	20mM	酢酸ナトリウム(pH4.5)		Tris-HCl(pH7.8)	20mM
NaCl	60mM		30mM	KCl	50mM
$CaCl_2$	12mM	NaCl	50mM	$MgCl_2$	10mM
$MgCl_2$	12mM	$ZnCl_2$[*1]	1mM	DTT	1mM
EDTA	0.2mM	グリセロール	5％		

[*1] 1M塩化亜鉛（$ZnCl_2$，分子量＝136.32）溶液（13.62g/100mL，オートクレーブ，冷蔵庫保存）を適宜用いる．

参照 付録❽酵素反応液に，上記以外の反応液も載せた．

memo

SSC

standard saline citrate

調製法 $20 \times$ SSC 1L

・用意するもの   （最終濃度）

塩化ナトリウム[※1]	175.32g	（3M）
クエン酸三ナトリウム二水和物[※2]	88.23g	（0.3M）
1N 塩酸[1]	適量	
水	1Lにメスアップ	

[※1] あるいは 5M 塩化ナトリウム[2] 600mL．
[※2] あるいは 1M クエン酸ナトリウム[3] 300mL．

❶ 試薬を少量の水で溶かし，1N 塩酸を用いてpHを合わせる．
❷ 水で1Lにメスアップする．

Data

用 途 サザンハイブリダイゼーションのトランスファー液，ハイブリダイゼーション液[4]，および洗浄液として使用する．水で薄め，$5 \times \sim 0.1 \times$ 濃度で使用する．

Point クエン酸にはキレート効果があり，DNAの安定化に効く．ハイブリダイゼーション液に使う場合は水を減らして $50 \times$ 濃度でつくる．

保 存 室温，あるいは冷蔵庫で保存する．

注意 数日間以上保存する場合は，オートクレーブする．

備 考 pHを合わせずに作製する場合もある．
同様の目的に使用する溶液にSSPE[5]がある．

参照 1) 塩酸 16ページ
2) 塩化ナトリウム 21ページ
3) クエン酸ナトリウムバッファー 39ページ
4) サザンハイブリダイゼーション溶液 96ページ
5) SSPE 91ページ

SSPE

standard saline phosphate EDTA

調製法　20×SSPE　1L

・用意するもの　　　　　　　　　　　　　　　　　　　（最終濃度）

5M 塩化ナトリウム[1]	720mL	(3.6M)
1M リン酸ナトリウムバッファー（pH=7.4）[2]	200mL	(0.2M)
0.5M EDTA[3]（pH=7.4に近いもの）	40mL	(0.02M)
水	40mL	

● 各試薬を混合する.

Data

用　途　サザンハイブリダイゼーションのトランスファー液，ハイブリダイゼーション液[4]，および洗浄液として使用する．水で薄め，0.1×〜5×濃度で使用する．

保　存　オートクレーブして室温あるいは冷蔵庫で保存する．

備　考　pH=7.0〜7.7で作製される．SSC[5]と同様の目的で使用されるが，よりキレート効果が高い．
　　　　ハイブリダイゼーション液に使う場合は，固体試薬を用いて50×濃度のものをつくる．

参照
1) 塩化ナトリウム　21ページ
2) リン酸バッファー　36ページ
3) EDTA　40ページ
4) サザンハイブリダイゼーション溶液　96ページ
5) SSC　90ページ

memo

脱イオンホルムアミド

deionized formamide

調製法 脱イオンホルムアミド 200mL

・使用試薬

ホルムアミド (formamide) 危険物
$HCONH_2$ 分子量 = 45.04

混合型イオン交換樹脂 (Bio-Rad 社, AG 501-X8)

1. 200mLのホルムアミドをビーカーに移し, スターラーバーを入れ, 低温室でセットする.
2. イオン交換樹脂を約20g入れ, 緩やかに30分撹拌する.
3. 3MM濾紙 (Whatman 社) で2回濾過する.

Data

用　途　溶液中のイオン化している成分を除く場合の一般的方法. ハイブリダイゼーション溶液[1]やホルムアミドゲル作製に使用する.

保　存　小分けして−20℃で保存する.

備　考　褐色に変化するようであれば, 樹脂をさらにスパーテルで数杯追加し, 再度撹拌する.

参照 1) サザンハイブリダイゼーション溶液　96ページ

memo

サザンブロッティング溶液

solutions for Southern blotting

調製法

加水分解液（0.25N 塩酸） 200mL

- 濃塩酸[1] 5mLを滅菌水で40倍に希釈する．

  Point DNAのプリン塩基が除かれ（デプリネーション），ゲル中のDNAが加水分解される．DNAが転写しやすくなるが，操作が煩雑なので行わない場合もある．

変性溶液 200mL

- **用意するもの** （最終濃度）

水酸化ナトリウム[2]	4g	(0.5N)
塩化ナトリウム[3]	17.53g	(1.5M)
滅菌水	200mLにメスアップ	

- 各試薬を混合し，そのまま室温で保存する．

  Point ゲル中のDNAが変性する．

中和溶液 200mL

- **用意するもの** （最終濃度）

塩化ナトリウム[3]	17.53g	(1.5M)

memo

1M トリス塩酸バッファー (pH=7.2)[4]	100mL	(0.5M)
0.5M EDTA (pH=7.5)[5]	4mL	(10mM)
滅菌水	200mLにメスアップ	

● 各試薬を混合し，オートクレーブ後室温で保存する．

Point ゲルのpHを中性に戻す．

転写溶液（20×SSC[6]） 1L

Point DNAをメンブランに転写するための溶液．室温保存可能．

Data

用 途 サザン法のキャピラリーブロッティング（毛細管現象でDNAを転写させる）で使用するための溶液．

操 作
① ゲルを加水分解液に浸し，電気泳動に使用したブロモフェノールブルー（BPB）色素の黄変後10分間放置する．
② 水洗後変性溶液に30分浸け，さらに水洗後中和溶液に30分浸ける．
③ 再度水洗する．
④ 常法にしたがってキャピラリーブロッティング装置を組み立て，転写溶液を用い，一晩かけてDNAをメンブレンに転写させる．
⑤ メンブレンを0.4N水酸化ナトリウムの染み込んだ濾紙に30分間乗せ，DNAを固定化する．

memo

備　考　標準的転写法を示している．転写溶液にSSPE[7]を使用する場合もあり，ノーザン法の場合でも使用することができる．
メンブレンの特性にしたがってアルカリ固定，紫外線固定，加熱固定のいずれを選択するかを決める．

Point　電気的にDNAを転写させる場合は，転写溶液として0.5mMトリス酢酸バッファー（pH=8.0）[8]，0.25mM EDTAを使用する．

参照
1) 塩酸　16ページ
2) 水酸化ナトリウム　18ページ
3) 塩化ナトリウム　21ページ
4) トリス塩酸バッファー　31ページ
5) EDTA　40ページ
6) SSC　90ページ
7) SSPE　91ページ
8) トリス酢酸バッファー　33ページ

memo

サザンハイブリダイゼーション溶液

Southern hybridization solution

調製法　ハイブリダイゼーション溶液　10mL

・**用意するもの**　　　　　　　　　　　　　　　　　（最終濃度）

脱イオンホルムアミド[1] ※	5mL	〔50％（v/v）〕
50×SSC[2]	1mL	（5×）
1M リン酸ナトリウムバッファー（pH=7.0）[3]	1mL	（0.1M）
100×デンハルト（次ページ）	0.5mL	（5×）
10％（w/v）SDS[4]	0.5mL	（0.5％）
10mg/mL 熱変性サケ精子DNA	0.1mL	（0.1mg/mL）
滅菌水	1.9mL	

（※を加えない場合は6.9mL）

プローブ（標識DNA）　　　　　　　　　　　　　　少量

❶ 各試薬を混合する．
❷ 最後にプローブ（標識DNA）を少量（0.1mL程度）加える．

注意　サケ精子DNAは，加える前に加熱変性させる[5]．

Data

用　途　室温で操作する場合の標準的溶液．ホルムアミド（※）を加えない場合は65℃前後で行う．

保　存　保存が利かないので用時調製する．

memo

備　考　ハイブリダイゼーションの厳密性を高める場合にはSSC濃度を下げるか，温度かホルムアミド濃度を上げる．

100×デンハルト　1L

・使用試薬
BSA[6]〔bovine serum albumin：ウシ血清アルブミン（フラクションV）〕
フィコール（Ficoll 400）
ポリビニルピロリドン（polyvinylpyrrolidone：PVP）

・用意するもの　　　　　　　　　　　　　　　　　　（最終濃度）
BSA　　　　　　　　　　　　　　　　　　　20g〔2％（w/v）〕
フィコール　　　　　　　　　　　　　　　　20g〔2％（w/v）〕
ポリビニルピロリドン　　　　　　　　　　　20g〔2％（w/v）〕

❶ 各試薬を溶解後，滅菌水で1Lにメスアップする．
❷ フィルター滅菌後，10～50mLに小分けして冷凍保存．

Point　核酸の非特異的吸着防止効果を発揮する．

参照 1）脱イオンホルムアミド　92ページ
　　　 2）SSC　90ページ
　　　 3）リン酸バッファー　36ページ
　　　 4）SDS　44ページ
　　　 5）DNAの変性とTm　225ページ
　　　 6）BSA　108ページ

memo

細胞溶解液（RIPAバッファー）

cell lysis solution

調製法 溶解液　200mL

・用意するもの　　　　　　　　　　　　　　　　（最終濃度）

1M トリス塩酸バッファー（pH=7.5）[1]	10mL	（50mM）
5M 塩化ナトリウム[2]	6mL	（0.15M）
10％(w/v) SDS[3]	2mL	（0.1％）
10％(v/v) Triton X-100[4]	20mL	（1％）
10％(v/v) デオキシコール酸ナトリウム※	20mL	（1％）
10mM PMSF[5]	20mL	（1mM）
10mg/mL アプロチニン[5]	0.02mL	（1μg/mL）
滅菌水	122mL	

※界面活性剤．試薬10gを100mLの滅菌水に溶かし，そのまま冷蔵庫で保存する．

● 上記試薬を混合する．

注意　PMSFとアプロチニンは溶解直前に加える．必要に応じて他のプロテアーゼインヒビターも加える．

Data

用　途　全タンパク質を検出するために組織や細胞を溶解し，その後SDS-PAGEなどに使用するための溶液．試料に加

memo

えてホモジナイズする．

Point デオキシコール酸は細胞顆粒成分からの抽出を促進する．

保 存 PMSFとアプロチニンを別にして，室温，あるいは冷蔵庫で保存する．

備 考 タンパク質は大部分変性してしまうが，SDSを加えず，未変性で抽出する方法もある．RIPAはradio-immunoprecipitation assayの略．

参照 1）トリス塩酸バッファー　31ページ
2）塩化ナトリウム　21ページ
3）SDS　44ページ
4）非イオン性界面活性剤　46ページ
5）プロテアーゼインヒビター　104ページ

memo

タンパク質抽出液

solution for protein extraction

調製法 高塩濃度抽出液　100mL

・用意するもの　　　　　　　　　　　　　　　　　（最終濃度）

1M HEPES-KOH バッファー (pH=7.5)[1]	5mL	(50mM)
5M 塩化ナトリウム[2] ※1	10mL	(500mM)
10% (v/v) NP-40[3]	10mL	(1%)
10mM PMSF[4]	10mL	(1mM)
10mg/mL アプロチニン[4]	0.01mL	(1μg/mL)
滅菌水	65mL	

注意 ※1 5M 塩化ナトリウムは,「低塩濃度抽出液」では,水にする.
PMSFとアプロチニンは抽出直前に加える.

Point ※1 塩化ナトリウムを塩化カリウム[5]に変えてもよい.

Data

用　途	細胞や組織からタンパク質を変性させないで抽出する場合の溶液.
保　存	PMSFとアプロチニンを別にして，-20℃で保存する.
備　考	目的に応じて高塩濃度抽出液と低塩濃度抽出液を選択

memo

する．高塩濃度ほど抽出されるタンパク質は多くなる．低塩濃度（低張液）では細胞質を力学的に壊しやすくなる．このレシピのような高塩濃度にすると核膜が破壊され，クロマチンが出てくる（ドロッとする）．

Point クロマチンを出さずに細胞全体からのタンパク質抽出の効率を上げる目的で，塩化ナトリウムを 0.25M 程度に下げる方法もある．

参照 1) HEPES バッファー　34 ページ
2) 塩化ナトリウム　21 ページ
3) 非イオン性界面活性剤　46 ページ
4) プロテアーゼインヒビター　104 ページ
5) 塩化カリウム　22 ページ

memo

ATP(タンパク質用)

ATP for protein experiments

調製法 0.1M ATP 100mL

・使用試薬
アデノシン5′-三リン酸ニナトリウム
 (adenosine 5′-triphosphate・2Na)
 $C_{10}H_{14}N_5O_{13}P_3Na_2$ 分子量=551.4
- 試薬5.51gを100mLの水に溶かし,フィルター滅菌する.

Data

用 途 ATPが安定化に作用するタンパク質や酵素の溶液に,1mM程度の濃度で加える.

保 存 −20℃で保存する.

備 考 pHは特に合わせないが,用いるバッファーでATPを溶かす場合もある.

memo

DTT

dithiothreitol

調製法 1M DTT　200mL

・使用試薬

　DL-ジチオトレイトールあるいはDL-ジチオスレイトール
　(DL-dithiothreitol：DTT)

　　分子量 = 154.25

　　2-メルカプトエタノールなどと同じ，代表的SH試薬．

　　SH試薬独特の臭いがある．

● 試薬30.8gを水で200mLにメスアップし，フィルター滅菌する．

Data

用　途　代表的なSH試薬（SH基酸化防止剤）．0.1〜5mMの範囲で使用する．

保　存　小分けして−20℃で保存する．

注意　長時間保存すると，徐々に酸化して（沈殿が出て，臭いが弱くなる）効力が低下する．

memo

プロテアーゼインヒビター

protease inhibitors

・試薬

❶ アプロチニン（Aprotinin, Trasyrol）　分子量 = 6500
カリクレイン，トリプシン，キモトリプシンなどを阻害．

❷ ロイペプチン（Leupeptin）　分子量 = 426.6
プラスミン，トリプシン，パパインなどを阻害．

❸ E-64　分子量 = 357.4
パパイン，カテプシンBやLなどを阻害．

❹ ペプスタチンA（Pepstatin A）　分子量 = 685.9
ペプシン，カテプシンDなどを阻害．

❺ PMSF（phenylmetylsulfonyl fluoride）　分子量 = 174.2
キモトリプシン，トリプシンなどを阻害．

❻ p-APMSF〔(para-amidinophenyl) methanesulphonyl fluoride〕　分子量 = 216.2（水溶性のPMSF）
PMSFと同等．

❼ AEBSF〔4-(2-aminoethyl) benzenesulfonyl fluoride〕塩酸塩　分子量 = 239.5
PMSFと同等，およびプロテナーゼKの阻害に使用．

❽ アンチパイン（Antipain）　分子量 = 604.7
トリプシン，カテプシンAやB，パパインなどを阻害．

memo

❾ **キモスタチン（chymostatin） 分子量 = 607.7**
キモトリプシン，カテプシン，パパインなどを阻害．

❿ **Bestatin 分子量 = 308.4**
アミノペプチダーゼやロイシンアミノペプチダーゼを阻害．

調製法

❶ **アプロチニン 10mg/mL**
- 滅菌水か適当なバッファーに溶かし，最終濃度2μg/mLで使用．

❷ **ロイペプチン 10mg/mL**
- 滅菌水に溶かし，最終濃度2μg/mLで使用．

❸ **E-64 20mg/mL**
- 50％エタノールに溶かし，最終濃度0.5～10μg/mLで使用．

  Point 保存期間はおよそ1カ月．

❹ **ペプスタチンA 1mg/mL**
- エタノールに溶かし，最終濃度2μg/mLで使用．

❺ **PMSF 10mM**
- イソプロパノールに溶かし，最終濃度0.5～1mMで使用．

memo

❻ p-APMSF 10mM
- 滅菌水に溶かし，最終濃度0.02mMで使用．

❼ AEBSF 200mM
- 滅菌水に溶かし，最終濃度0.4〜4mMで使用．

  Point PMSFより安定で，毒性が少ない．

❽ アンチパイン 1mg/mL
- 滅菌水に溶かし，最終濃度2μg/mLで使用．

❾ キモスタチン 10mM
- DMSOに溶かし，最終濃度50μMで使用．

❿ Bestatin 5mM
- DMSOに溶かし，最終濃度50μMで使用．

Data

用　途　いくつか組合わせて使用されることが多い．

注意　不安定なので，いずれも使用直前に加える．

保　存　おのおの試薬は10mL作製し，−20℃で保存する．

memo

70％グリセロール

70% glycerol

調製法 70％（v/v）グリセロール　500mL
（別法：566mL）

・使用試薬

グリセロール（グリセリン）　**危険物**
$HOCH_2CH(OH)CH_2OH$　分子量 = 92.09

❶ 350mLの試薬に滅菌水を加え500mLにメスアップする．

別法：500gの試薬を1Lのメスシリンダーに移し，試薬瓶を水で共洗いしながら566mLにメスアップする．

❷ 混合し，完全に均一にする．滅菌しない．

Point 粘性が高く扱いが困難で，吸湿性や可燃性もあるため，通常は70％試薬が汎用される．

Data

用　途	タンパク質や細胞の安定化剤や（5〜20％），密度を高めるための超遠心分離の溶媒や電気泳動用サンプルバッファーなどに用いる．
特　性	粘性と密度（$1.262g/cm^3$）が高い．吸湿性もある．
保　存	冷蔵庫で保存する．

memo

BSA（ウシ血清アルブミン）

bovine serum albumin

調製法 50mg/mL（5％）BSA　10mL

・使用試薬

　　BSA（fraction V）　　分子量 = 66,000

❶ 粉末試薬500mgをはかり，試験管に入れた滅菌水10mL中に溶かしながら少しずつ加え，時間をかけて溶かす．

❷ 必要に応じてフィルター滅菌し，小分けし凍結保存する．

注意　泡が出るのでボルテックスは避ける．逆の操作（試薬に水を入れる）をすると塊ができて溶けにくくなる．

Point　より高濃度（例：〜20％）の調製も可能．PBS（−）[1]や0.15M 塩化ナトリウム[2]に溶かすと溶けやすい．

Data

用　途　タンパク質溶液の濃度標準液，酵素やタンパク質の安定化剤，吸着防止剤などに使用される．

保　存　−20℃で1年間，−80℃で数年間保存できる．
　　　　凍結融解の回数は最小限にとどめる．

参照　1）PBS（−）　165ページ
　　　　2）塩化ナトリウム　21ページ

memo

アジ化ナトリウム

sodium azide

調製法 1%（w/v） アジ化ナトリウム　100mL

- **使用試薬**

    アジ化ナトリウム　毒物指定，自己反応性
    NaN_3　分子量 = 65.01

    注意 毒性がきわめて強いので取り扱いに注意する．結晶は自己発火する恐れがあるため，冷暗所に保存する．

- 試薬 1g を 100mL の滅菌水に溶かす．

Data

特　性　強い防腐効果がある．

用　途　冷凍できない試料の長期保存や，研究試料（抗血清など）の室温輸送などで使用される．
　　　　試料容積の 1/10 〜 1/50 量加える．

保　存　−20℃で保存する．

注意 毒物なので保管・管理に十分注意する．廃液は捨てず，専門の業者に処理を依託する．

memo

ウエスタンブロッティング溶液

solutions for Western blotting

調製法

レシピA：10 × Tween PBS　100mL

- **用意するもの** （最終濃度）
  - 20 × PBS（−）[1]　　　　　　　　50mL　　（10 ×）
  - 10 %（v/v）Tween 20[2]　　　　　10mL　〔1 %（v/v）〕
  - 滅菌水　　　　　　　　　　　　　40mL
- ●上記試薬を混合する．

レシピB：10 × Tween TBS　100mL

- **用意するもの** （最終濃度）
  - 20 × TBS[3]　　　　　　　　　　　50mL　　（10 ×）
  - 10 %（v/v）Tween 20　　　　　　10mL　〔1 %（v/v）〕
  - 滅菌水　　　　　　　　　　　　　40mL
- ●上記試薬を混合する．

Data

用　途　ウエスタンブロッティングで，抗体結合溶液や，ブロッキング溶液として使用される．10倍に薄めて使用する．
レシピAとレシピBに大きな違いはない．タンパク質に合わせて適当なものを使用する．

保　存　冷蔵庫で保存する．

参照　1）PBS（−）　165ページ
　　　2）非イオン性界面活性剤　46ページ
　　　3）TBS　167ページ

memo

タンパク質転写溶液

protein transfer solutions

調製法

転写溶液 A　1L

- **使用試薬**

    グリシン　分子量 = 75.07　アミノ酸の一種.

- **用意するもの**　　　　　　　　　　　　　　　　　（最終濃度）

グリシン	14.4g	（192mM）
トリス塩基[1]	3.0g	（25mM）
メタノール　危険物, 劇物指定	200mL	〔20％(v/v)〕
滅菌水	1L にメスアップ	

- ●上記試薬を混合する.

    Point　pH はおよそ 8.6 になる.

転写溶液 B　1L

- **用意するもの**　　　　　　　　　　　　　　　　　（最終濃度）

100mM CAPS バッファー（次ページ）	100mL	（10mM）
メタノール	100mL	〔10％(v/v)〕
滅菌水	1L にメスアップ	

- ●上記試薬を混合する.

memo

100mM CAPSバッファー　400mL

・使用試薬

CAPS (*N*-cyclohexyl-3-aminopropanesulfonic acid)
分子量 = 221.32

❶ 試薬8.84gを350mLの水に溶かす．
❷ 5N水酸化ナトリウム[2)]でpHを11.0に合わせて滅菌水で400mLにメスアップし，オートクレーブする．

Point 室温，あるいは冷蔵庫で保存する．

Data

用　途　セミドライ条件やウェット条件で，ゲル中のタンパク質をPVDFメンブレンに電気的に転写させるときの溶液．

Point　通常は転写溶液Aを用いるが，150kDa以上のものや，強塩基性のタンパク質には転写溶液Bを用いる．

保　存　どの転写溶液も室温保存可能．

参照　1) トリス塩酸バッファー　31ページ
　　　　2) 水酸化ナトリウム　18ページ

memo

ブロッキング溶液

blocking solutions for Western blotting

調製法

ブロッキング溶液 A　200mL

- **用意するもの**　　　　　　　　　　　　　　（最終濃度）

BSA[1]	2g	[1% (w/v)]
10% (v/v) Tween 20[2]	20mL	(1%)
10×PBS (−)[3]	20mL	(1×)
滅菌水	160mL	

- 上記試薬を混合する.

ブロッキング溶液 B　200mL

- **用意するもの**　　　　　　　　　　　　　　（最終濃度）

ゼラチン[※1]	2g	[1% (w/v)]
アジ化ナトリウム[4]	4mL	(0.02%)
10% (v/v) Tween 20	20mL	(1%)
10×PBS (−)	20mL	(1×)
滅菌水	156mL	

- 上記試薬を混合する.

Point　※1 ゼラチンはホットスターラーを用い，60℃くらいに加熱して溶かす．

memo

ブロッキング溶液C　200mL

・用意するもの　　　　　　　　　　　　　　　　　　　（最終濃度）

スキムミルク（脱脂粉乳）	2g	〔1%（w/v）〕
10%（v/v）Tween 20	20mL	（1%）
10×PBS（−）	20mL	（1×）
滅菌水	160mL	

● 上記試薬を混合する．

注意 スキムミルクが腐敗しやすいので，用時調製する．

Data

用　途　ウエスタンブロッティングで，抗体のブロッキングを目的として使用される．

保　存　ブロッキング溶液AとBはそれぞれ冷凍保存および室温で，1～2カ月保存可能．

Point　Cの溶液を使うことが多いが，A～Cのどの溶液が適しているかはタンパク質，抗体，メンブレンによる．

参照
1) BSA　108ページ
2) 非イオン性界面活性剤　46ページ
3) PBS（−）　165ページ
4) アジ化ナトリウム　109ページ

memo

免疫沈降反応結合液

binding mixture for immunoprecipitation

調製法　結合液　100mL

・用意するもの　　　　　　　　　　　　　　　　　（最終濃度）

1M HEPES-KOHバッファー (pH=7.9)[1]	2.5mL	(25mM)
5M 塩化ナトリウム[2]	4mL	(200mM)
1M 塩化マグネシウム[3]	0.5mL	(5mM)
10% (v/v) NP-40[4]	2mL	(0.2%)
グリセロール	10mL	(10%)
1M DTT[5]	0.1mL	(1mM)
滅菌水	80.9mL	

● 上記試薬を混合する．

注意 DTTは使用時に加える．
必要に応じてプロテアーゼインヒビター[6]を加える．

Data

用　途　免疫沈降実験で使用するバッファー．

操　作　❶結合液に懸濁したプロテインAセファロース※1に，抗体を混合する．
　　　　❷そこにタンパク質を混合し，低温で数時間結合反応を行う．

memo

❸ 遠心分離後,樹脂を結合液で洗浄し,SDSサンプルバッファー[7]でタンパク質を加熱・溶出して[※2]電気泳動する.

Point [※1] プロテインGセファロースの方が特異性が高い.
[※2] 尿素[8]で溶出する場合もある.

保 存 冷蔵庫で保存する.

備 考 塩化マグネシウムを用いない場合もある.
反応の特異性は塩濃度を変化(100〜500mMの範囲)させて行う.

参照 1) HEPESバッファー 34ページ
2) 塩化ナトリウム 21ページ
3) 塩化マグネシウム 23ページ
4) 非イオン性界面活性剤 46ページ
5) DTT 103ページ
6) プロテアーゼインヒビター 104ページ
7) SDSサンプルバッファー 140ページ
8) 尿素 122ページ

memo

抗体除去バッファー

Western blot stripping buffer

調製法　抗体除去バッファー　100mL

・使用試薬

2-メルカプトエタノール（2-mercaptoethanol）　C_2H_6OS
分子量＝78.13　毒物

・用意するもの　　　　　　　　　　　　　　　　（最終濃度）

10% SDS[1]	20mL	（2%）
0.5M トリス塩酸バッファー（pH 6.8）[2]	12.5mL	（62.5mM）
2-メルカプトエタノール	0.8mL	（〜100mM）
滅菌水	66.7mL	

● 上記試薬を混合する．

Data

用　途　ウエスタンブロッティングの抗体の除去に使用する．化学発光法でシグナルを検出したメンブレンを抗体除去バッファーに浸し，50℃で30〜45分浸透する．別の抗体で反応させる場合はメンブレンを洗浄バッファーで洗浄し，再ブロッキングする．

保　存　遮光して室温保存．

参照　1）SDS　44ページ
　　　2）トリス塩酸バッファー　31ページ

memo

グルタチオン

glutathione

調製法 1M グルタチオン 100mL

・使用試薬
還元型グルタチオン（GSH） $C_{10}H_{17}N_3O_6S$　分子量 = 307.33
　分子内にSH基をもつ還元型．

❶ 試薬30.73gを滅菌水に溶かし，100mLにメスアップする．
❷ 10mLずつ小分けして保存．

Data

用　途	グルタチオンセファロースビーズに結合したGST（グルタチオンS-トランスフェラーゼ）融合タンパク質を未変性で溶出するときに用いる．
Point	グルタチオン溶液はpH=7.4なので，溶出はグルタチオン10mMに希望のpHにした50mMトリス塩酸バッファー[1]を加えて行う．
保　存	−20℃で保存する．
備　考	ビーズに結合しているGST融合タンパク質に対する結合タンパク質を検出する．GSTプルダウンアッセイでも使用される．

参照 1）トリス塩酸バッファー　31ページ

memo

硫酸アンモニウム

ammonium sulphate / 別名：硫安

・使用試薬

硫酸アンモニウム（ammonium sulphate）　**腐食性**

$(NH_4)_2SO_4$　分子量 = 132.14

調製法

4℃ 飽和硫安　～500mL

- 試薬瓶に温めた水500mLを入れ，380gの硫安を加えて溶かす（時間がかかるが溶ける）[※1].

Point　沈殿した硫安結晶の上清を使用する．
濃度は3.9Mとなる．

3.5M 硫安　500mL

- 試薬231.2gを水に溶かし，500mLにメスアップする[※1].

Point　[※1]溶液は酸性なので，必要に応じて水酸化ナトリウム[1]でpHを中性に合わせる．

Data

用途　タンパク質の沈殿（塩析）に使用される．
3.5M硫安は多少の温度変化にかかわらず，硫安濃度を厳密に合わせる場合に必要．飽和硫安はとにかく濃い液があればよい場合に使う．

保存　いずれも冷蔵庫で保存する．

注意　オートクレーブはしない．
腐食性が強く，金属をサビさせるので，遠心機ローターやスパーテルなどの金属器具についたらすぐ洗浄する．

参照　1）水酸化ナトリウム　18ページ

イミダゾール

imidazole

調製法 3M イミダゾール　200mL

・使用試薬
イミダゾール（imidazole）分子量 = 68.08
- 試薬40.8gを滅菌水で溶解し，200mLにメスアップする．

Data

用　途　ヒスチジンのイミダゾール基との競合により，ニッケルカラムに吸着したオリゴヒスチジン配列をもつタンパク質の溶出に使用する．

Point　50mM以下の濃度で非特異的タンパク質の除去を，100〜500mM濃度で特異的タンパク質の溶出を行う．希望するバッファーと混合して使用される．

保　存　冷蔵庫で保存する．

備　考　塩濃度を高める（〜300mM 塩化カリウム[1]）と非特異的タンパク質の混入を減らせる．
変性条件（6〜8M 尿素[2] 存在下）でも使用できる．

注意　DTT[3]は吸着を阻害するので使用できない．

参照
1）塩化カリウム　22ページ
2）尿素　122ページ
3）DTT　103ページ

memo

TCA

trichloroacetic acid（トリクロロ酢酸）/ 別名：三塩化酢酸

調製法　100％（w/v）　TCA　500mL

- **使用試薬**

    トリクロロ酢酸（TCA：trichloroacetic acid，三塩化酢酸）
    CCl_3COOH　分子量 = 163.39　**劇物指定，腐食性**

- **500gの試薬が入っている試薬瓶に，水227mLを直接加えて全量を溶かす．**

    Point　500mLになる．
    比重の大きな試薬なので，100％溶液の作製が可能．

Data

- 用　途　タンパク質，核酸，多糖類などの高分子物質を沈殿させるために使用する．5〜10％の濃度で用いる．
- 保　存　分解されやすいので，冷蔵庫で保存する．
- **注意**　腐食性がきわめて強いので，手袋をして扱う．
  金属についたらすぐに洗浄する．

memo

尿素
urea

調製法 10M 尿素 100mL

・使用試薬
尿素 NH_2CONH_2 分子量 = 60.06

1. メスシリンダーに試薬60.06gを入れ，水を約97mLまで注ぐ．
2. 撹拌しながら試薬を溶かす．
3. 室温に戻してから100mLにメスアップし，よく混合する．

Point 溶けにくいが，60℃以下で軽く温めると溶けやすい．
水溶解時に吸熱するために温度が下がり，さらに試薬が溶けにくくなる．
冷却して試薬が析出した場合は，軽く温めて溶かす．

注意 オートクレーブ不要．尿素が熱で分解するので，加熱し過ぎないこと．

Data

用 途 変性剤．6〜8M尿素で核酸や大部分のタンパク質は変性，可溶化する．

保 存 室温で保存する．

memo

TAE

Tris-acetate-EDTA

調製法　50 × TAE　1L

- **用意するもの**　　　　　　　　　　　　　　　　　　　（最終濃度）

トリス塩基[1]	242g	（2M）
酢酸[2]	57.1mL	（1M）
0.5M EDTA (pH=8.0)[3]	100mL	（50mM）

- 試薬を混合し，水で1Lにメスアップする．
- オートクレーブして保存する．

Point　EDTA入り2M トリス酢酸バッファー（pH=8.0）[1] となる．

Data

用　途　核酸のアガロースゲル[4]電気泳動用の泳動バッファーで，50倍に薄めて使用する．
　　　　アガロースゲルの溶解に汎用される．

保　存　室温で保存する．

備　考　通電によるpH変化が大きいので，そのつど泳動バッファーを交換する．

参照　1）トリス酢酸バッファー　33ページ
　　　　2）酢酸　17ページ
　　　　3）EDTA　40ページ
　　　　4）アガロースゲル　127ページ

memo

TBE

Tris-borate-EDTA

調製法　$10 \times$ TBE　1L

・使用試薬
ホウ酸（boric acid）H_3BO_3　分子量 = 61.83

・用意するもの　　　　　　　　　　　　　　　（最終濃度）

トリス塩基[1]	60.55g	(500mM)
ホウ酸	30g	(485mM)
0.5M EDTA (pH=8.0)[2]※	40mL	(20mM)

※あるいは，EDTA 二ナトリウム二水和物　7.4g

❶ 各試薬を混合溶解後，水で1Lにメスアップする．
❷ オートクレーブして保存する．

Point　EDTA 入り0.5M トリスホウ酸バッファー（pH=8.2）となる．

Data

用　途　核酸実験におけるポリアクリルアミドゲル[3]や場合によってはアガロースゲル[4]，電気泳動バッファーに使われる．10倍に希釈して使用する．

注意　本書にある10×TBEは原法では5×TBEであるが，電気泳動ではこれを10倍希釈して（つまり原法の×0.5）

memo

使用することが多い．そのため本書では10×TBEと表記してある．

保　存　室温で保存する．

備　考　保存中に沈殿が出てくるが，少しであれば問題ない．電気泳動中のpH変化は少ない．

Point　20×TBEもつくれるが沈殿が出やすい．

参照　1）トリス塩酸バッファー　31ページ
　　　　2）EDTA　40ページ
　　　　3）ポリアクリルアミドゲル　131ページ
　　　　4）アガロースゲル　127ページ

memo

SDS-PAGE泳動バッファー

SDS-PAGE electrophoresis buffer

調製法 10×泳動バッファー 1L

・用意するもの (最終濃度)

トリス塩基[1]	30.3g	(0.25M)
グリシン[2]	144g	(1.92M)
SDS[3]	10g	[1%(w/v)]

● **各試薬を混合溶解後, 水で1Lにメスアップする.**

Point SDS入り25mM トリスグリシンバッファー (pH=8.3) となる.

Data

用　途　SDS-PAGEの泳動バッファーとして10倍に薄めて使用する.

保　存　室温で保存する.

参照
1) トリス塩酸バッファー　31ページ
2) タンパク質転写溶液　111ページ
3) SDS　44ページ

memo

第5章-2. 核酸用ゲル・試薬

アガロースゲル

agarose gel

調製法 0.7％ アガロース　200mL

・用意するもの　　　　　　　　　　　　　　　　　（最終濃度）
アガロース粉末（核酸分離用）　　　　　1.4g　　（0.7％）
TAE[1)]　　　　　　　　　　　　　　　200mL

❶ アガロースを試薬瓶にとり，TAEを注ぐ．
❷ 密栓オートクレーブ[2)]でアガロースを溶かし，少し冷めたらフタを緩めて注意深く撹拌し，ゲル作製トレイに注ぐ[※1]．
❸ 室温で保存する（固まる）．

注意　※1 撹拌により液が吹き出す危険性があるので，手でもてるくらいに冷えるまで待ち，注意しながら撹拌して液を混ぜる．

Data

分離能　各アガロース濃度で分離できるDNAのサイズはおよそ**表5-1**の通り．分離範囲外のDNAの分離は悪く，20kb以上ではほとんど分離しない．分離範囲以下のものは分離するものの，シャープなバンドにならない．

Point　0.7％ゲルで，ローディングバッファー[3)]中のBPBとXC色素はそれぞれ0.7〜1kbと6〜9kb DNAの位置に泳動さ

memo

れる（ゲルの種類や条件により異なる）．

備 考 固まったゲルを再使用する場合は，フタを緩めて電子レンジで加熱融解させる[※2]．

アガロースは目的に合ったものを使用する（**表5-2**）．

> **注意** [※2] 水分蒸発により，多少濃度が上昇してしまう．密栓して湯煎加熱すると，そのような心配は少ない．

表5-1 ●各アガロース濃度で分離できるDNAの大きさ

アガロース濃度（％）	分離されるDNA（kb）
0.7	0.8～10
0.9	0.5～7
1.2	0.4～6
1.5	0.2～4

表5-2 ●アガロースの種類

目的別アガロース	製品名（会社名）
一般的アガロース （通常の分離・分析用）	アガロース HI4（TAKARA社）， アガロース S（和光純薬工業社）
低融点アガロース （融解によるDNAの回収用）	アガロース LO3（TAKARA社）， アガロース LM（コスモバイオ社）
低分子DNA用アガロース	NuSieve™ GTG™ アガロース （LONZA社）
高純度アガロース （高純度DNAの回収用）	SeaKem® GTG™ アガロース （LONZA社）

参照
1) TAE　123ページ
2) 容器の材質と保存条件　214ページ
3) 通常ゲル用ローディングバッファー　135ページ

memo

アクリルアミド溶液

acrylamide solution

調製法 30% アクリルアミド溶液　100mL

- **使用試薬**

    アクリルアミド (acrylamide) 分子量 = 71.08　**劇物指定**
    　電気泳動特製試薬を使用する.

    N', N'-メチレンビスアクリルアミド (別名：ビス) **有害性**
    　〔N', N'-methylene bis (acrylamide)〕分子量 = 154.17
    　電気泳動特製試薬を使用する.

    注意　いずれも強い毒性があり，規格に適合したドラフト内で秤量，溶解する.

- **用意するもの**　　　　　　　　　　　　　　　　（最終濃度）

アクリルアミド	29g	〔29% (w/v)〕
ビス	1g	〔1% (w/v)〕

● それぞれの試薬を溶かし，滅菌水で 100mL にメスアップする.

Point　タンパク質用のゲルでも同じ溶液が使用される.

注意　手袋をして作業する.
　　　オートクレーブはしない.

memo

Data

用　途	ポリアクリルアミドゲル[1]の作製に用いる．
特　性	アクリルアミドとビスの比が29：1になっている．ビスの比率を下げる（60：1～80：1）と隙間の多いゲルを作製でき，DNAを微妙な構造の差で分離することができる．
保　存	遮光瓶に入れ，冷蔵庫で保存する．
備　考	精製したい場合は混合型イオン交換樹脂を用いて脱イオン操作をする[2]．
注意	手袋をして作業する（重合すると毒性は弱まるが，毒性があることに変わりはない）． 着色している試薬（劣化・変質している）は使用しない．
参照	1）ポリアクリルアミドゲル　131ページ 2）脱イオンホルムアミド　92ページ

memo

ポリアクリルアミドゲル

polyacrylamide gel

調製法 各ゲル濃度用溶液　10mL

・使用試薬
　30％アクリルアミド溶液[1]
　10×TBE [2]
　10％(w/v) 過硫酸アンモニウム (APS)[3]
　TEMED (*N*, *N*, *N*′, *N*′-tetramethylethylenediamine)
　　分子量＝116.2　引火性，有害性，腐食性
　　重合促進剤として用いる．

・用意するもの（表5-3に示す）
① はじめにゲル板を組み立てる．以下は手袋をして行う．
② 30％アクリルアミド溶液，10×TBE，10％APS，滅菌水をはかりビーカーで混ぜる．
③ TEMEDを数μL加えて撹拌し，速やかにゲル板に注ぐ．
④ クシ（コーム）を差し込み，静置してゲルを固める．5～60分で固まる．

Point　温度が低かったり溶存空気が多いと固まりにくい．

Data

用　途　1kb以下の短いDNAの分離に用いる（表5-4）．ゲルシ

memo

フトアッセイやDNA相補鎖分離などに使用される.

Point 5％ゲルでは，マーカー色素[4]中のBPBとXCはそれぞれ約140bp，300bpのDNAの位置に相当する.

備考 速やかに固めるためには，TEMEDの量を増やすか，溶存する空気を水流ポンプを用いる脱気操作で除く.

Point 空気を除くには，注射筒に入れてピストンを引くか，濾過瓶に入れて水流ポンプで減圧にする.

表5-3 ● 10mLゲル作製の場合の組成 （mL）

作製ゲル濃度（％）	30％アクリルアミド溶液	10×TBE	10％APS	滅菌水	TEMED
3.5	1.16	1	0.1	7.74	少量
5.0	1.66	1	0.1	7.24	少量
8.0	2.66	1	0.1	6.24	少量
12	4.00	1	0.1	4.9	少量
20	6.66	1	0.1	2.24	少量

表5-4 ● アクリルアミド濃度と分離できるDNAの大きさ

アクリルアミド濃度（％）	3.5	5.0	8.0	12.0	20.0
分離できるDNAのサイズ（bp）	1,000〜2,000	80〜500	60〜400	40〜200	1〜100

参照
1) アクリルアミド溶液　129ページ
2) TBE　124ページ
3) 過硫酸アンモニウム（APS）　145ページ
4) 変性ゲル用ローディングバッファー　136ページ

memo

尿素ゲル

urea gel

調製法 8M 尿素,6% ポリアクリルアミドゲル ストック溶液 500mL

・使用試薬

尿素(urea)分子量 = 60.06
アクリルアミド[1]
N', N'-メチレンビスアクリルアミド(別名:ビス)[1]
10 × TBE [2]

・用意するもの (最終濃度)

尿素	240g	(8M)
アクリルアミド	28.5g	(5.4%)
ビス	1.5g	(0.6%)
10 × TBE	50mL	(1×)

❶ 少なめの水に各試薬を加え,60℃以下で加熱しながら溶かす[※1].
❷ 冷えてから水で500mLにメスアップし,0.4μmポアサイズのフィルターで濾過する.

Point [※1] 温度を上げすぎると尿素が分解してしまう.

memo

Data

用途 DNAシークエンスやS1マッピングなど，変性（一本鎖）条件で核酸（DNA，RNA）を電気泳動するときに使用する．

Point 1〜50塩基長のサイズを正確に分離する場合は，アクリルアミド濃度を20％とする．

ゲルの作製
❶ はじめにゲル板をセットする．
❷ 0.7×300×400mmサイズのゲル板の場合，まず100mLのゲルストックを取り分け，脱気する[※2]．
❸ APS[3] 約0.1gを加えて溶かす．
❹ TEMED[4] 10〜50μLを加えたらすぐに混ぜ，ゲルをゲル板に注ぎ，コームあるいはプラスチック板を差し込み，静置してゲルを固める[※3]．

Point
[※2] 省いてもよいが，固化に時間がかかる．
[※3] 30分以内にゲルが固まるように，TEMED量を調節する（固化に時間がかかるとゲルが不均一になりやすい）．

保存 遮光して冷蔵庫，あるいは室温で保存する．

備考 試薬を溶かすときは加熱しすぎないこと．

注意 手袋をしてすべての作業を行う．

参照
1）アクリルアミド溶液　129ページ
2）TBE　124ページ
3）過硫酸アンモニウム（APS）　145ページ
4）ポリアクリルアミドゲル　131ページ

memo

通常ゲル用ローディングバッファー

loading buffer for normal gel

調製法　ローディングバッファー　10mL

・使用試薬

BPB (bromophenol blue) 分子量 = 670.0
XC (xylene cyanol FF) 分子量 = 538.6
グリセロール[1] (glycerol，グリセリン)
　分子量 = 92.09　比重 = 1.26
　粘性の高い液体．甘味がある．

・用意するもの　　　　　　　　　　　　　　　　（最終濃度）

BPB	5mg	〔0.05％（w/v）〕
XC	5mg	〔0.05％（w/v）〕
グリセロール	3mL	〔30％（v/v）〕
0.5M EDTA (pH=8.0)[2]	0.1mL	(5mM)
滅菌水	6.9mL	

● 各試薬を混合，溶解する．

Data

用　途　試料DNA溶液の0.2〜1.0容量のローディングバッファーを加えて，通常ゲル*1に重層する．

Point　*1 通常ゲル：変性剤を含まない中性pHのゲル．
一般にローディングバッファーには，試料を安定に保つための試薬（EDTAなど）と，試料を乗せやすくするために比重を高める試薬（グリセロールなど）と，電気泳動の目安になる色素（BPB，XCなど）が加えられる．

保　存　冷蔵庫で保存する．

参照　1）70％グリセロール　107ページ
　　　　2）EDTA　40ページ

変性ゲル用ローディングバッファー

loading buffer for denature gel

調製法 ローディングバッファー 10mL

・使用試薬

　BPB（bromophenol blue）分子量 = 670.0
　XC（xylene cyanol FF）分子量 = 538.6

・用意するもの

BPB	5mg	〔0.05％（w/v）〕
XC	5mg	〔0.05％（w/v）〕
脱イオンホルムアミド[1]	10mL	〔～100％（v/v）〕
0.5M EDTA（pH=7.5～8.0）[2]	20μL	（1mM）

● 各試薬を混合，溶解する．

Data

用　途　シークエンス反応試料の0.7～1.0容量のローディングバッファーを加え，80℃で2分間加熱後急冷し[3]，変性ゲル[※1]に重層する．

Point　[※1] 変性ゲル：核酸の変性剤を加えたり，アルカリ性にしたゲル．
バッファーにはDNA変性剤（脱イオンホルムアミド）と泳動の目安になる色素（BPB，XC）が加えられる．ホルム

memo

アミドの比重が大きいため，試料を容易に重層できる．

保　存　小分けして−20℃で保存する．

備　考　乾燥DNAを溶かす場合は，ホルムアミド濃度を60％くらいに下げ，残りを滅菌水とする．
　　　　RNAの場合は，より十分に加熱する（85〜90℃で3〜5分間）．

参照　1）脱イオンホルムアミド　92ページ
　　　　2）EDTA　40ページ
　　　　3）DNAの変性とTm　225ページ

SDSポリアクリルアミドゲル

SDS polyacrylamide gel

調製法

・用意するもの

分離用ゲル	20mL
	（組成は表5-5に示す）
濃縮用ゲル	10mL
	（組成は表5-6に示す）

❶ 分離用ゲルを作製する[1]．
ゲルをゲル板に注いだら，少量の水を静かに重層して，ゲルを固める．

❷ 濃縮用ゲルを作製する[1]．
ゲル溶液をつくり，TEMEDを加えて重合させる前に，凝固した分離用ゲル上の水を完全に除く．TEMED添加したゲル溶液を注ぎ，コームを差し込みゲルを固める．

❸ SDS-PAGE泳動バッファー[2]を満たす．

Data

用　途　タンパク質を分子量にしたがって分離するSDSポリアクリルアミドゲル電気泳動（SDS-PAGE）や，二次元電気泳動で使用される．

備　考　簡便法として濃縮用ゲルを使用しない方法もあり，その場合は分離用ゲル溶液を注いだ後，ただちにコームを差し込む．

注意　ゲル溶液やゲルを扱う場合は，手袋を着用する．

第5章-3. タンパク質用ゲル・試薬

表5-5 ● 20mL 分離用ゲル1枚分の液量 (mL)

試薬	ゲル濃度 (%)				
	5	8	10	12	15
1.5M トリス塩酸バッファー (pH=8.8)[3)]	5.0	5.0	5.0	5.0	5.0 (0.38M)
30% (w/v) アクリルアミド溶液[4)]	3.3	5.3	6.7	8.0	10.0
10% (w/v) SDS[5)]	0.2	0.2	0.2	0.2	0.2 (0.1%)
10% (w/v) 過硫酸アンモニウム[6)]	0.2	0.2	0.2	0.2	0.2
水	11.3	9.3	7.9	6.6	4.6
TEMED[1)]	約10μL	約10μL	約10μL	約10μL	約10μL
分離できるタンパク質の範囲 (kDa)	60〜200		16〜70		12〜45

カッコ内は最終濃度

表5-6 ● 10mL 濃縮用ゲル1枚分

試薬	mL
0.5M トリス塩酸バッファー (pH=6.5)[3)]	2.5 (0.125M)
30% (w/v) アクリルアミド溶液[4)]	1.5 (4.5%)
10% (w/v) SDS[5)]	0.1 (0.1%)
10% (w/v) 過硫酸アンモニウム[6)]	0.1
水	5.8
TEMED	約10μL

カッコ内は最終濃度

参照
1) ポリアクリルアミドゲル　131ページ
2) SDS-PAGE 泳動バッファー　126ページ
3) トリス塩酸バッファー　31ページ
4) アクリルアミド溶液　129ページ
5) SDS　44ページ
6) 過硫酸アンモニウム (APS)　145ページ

SDSサンプルバッファー

SDS sample buffer

調製法　2×サンプルバッファー　10mL

・用意するもの　　　　　　　　　　　　　　　　　　（最終濃度）

0.5M トリス塩酸バッファー (pH=6.8)[1]	2.5mL	(0.125M)
2-メルカプトエタノール	1mL	〔10% (v/v)〕
10% SDS[2]	4mL	〔4% (w/v)〕
スクロース（ショ糖）[3]	1g	〔10% (w/v)〕
BPB[4]	1mg	〔0.01% (w/v)〕

● 試薬を混合し，水で10mLにメスアップする．

Data

用　途　タンパク質溶液に等量を加え，95〜100℃で3分間加熱することで，溶液内のタンパク質を変性させSDS-PAGEに適する状態に保つ．

保　存　冷蔵庫で保存する．長期の場合は−20℃保存．

備　考　2-メルカプトエタノールを加えて加熱するとSS結合が切断される．実験によっては加えないこともある．

参照
1) トリス塩酸バッファー　31ページ
2) SDS　44ページ
3) ショ糖　48ページ
4) 変性ゲル用ローディングバッファー　136ページ

memo

CBB染色液

CBB staining solution

調製法　染色液　400mL

・使用試薬

CBB (coomassie brilliant blue R-250)

メタノール　危険物, 劇物指定

酢酸[1]

・用意するもの　　　　　　　　　　　　　　　　　　　　（最終濃度）

CBB	1g	〔0.25％ (w/v)〕
メタノール	20mL	〔5％ (v/v)〕
酢酸	30mL	〔7.5％ (v/v)〕
水	350mL	

● 上記試薬を混合してCBBを溶かし，No.1濾紙（Whatman社）で濾過する．

Data

用　途　SDSポリアクリルアミドゲル[2]中のタンパク質染色に使用する．4時間以上ゲルを浸ける．染色性が低下しない限り，何度でも使える．少なくとも0.1μgのバンドを検出できる．

注意　ゲルを汚さないため，またポリアクリルアミドやメタノールが有毒なため，手袋をして操作する．

Point　グラスフィルターにスポットしたタンパク質染色にも用いられる．カラム分画のピーク部分を知るには便利な方法．

保　存　室温で保存する．

備　考　クーマシーブルーG法（タンパク質定量法）[3]に用いるCBB G-250と混同しないように．

参照　1）酢酸　17ページ
　　　　2）SDSポリアクリルアミドゲル　138ページ
　　　　3）タンパク質定量法　230ページ

脱色液

destaining solution

調製法　脱色液　2L

・用意するもの　　　　　　　　　　　　　　　　　　　（最終濃度）

メタノール　**危険物，劇物指定**	500mL	〔25%(v/v)〕
酢酸[1]	150mL	〔7.5%(v/v)〕
水	1.35L	

● 試薬を混合する．

Data

用 途　染色したSDSポリアクリルアミドゲル[2)3)]の脱色（脱染）に使用する．液を交換しながら，一晩かけてゲルを脱色する．

注意　ゲルを汚さないため，またポリアクリルアミドやメタノールが有毒なため，手袋をして操作する．
脱色しすぎると薄いバンドは消えてしまうので，注意．

Point　着色した脱色液に活性炭やティッシュペーパーを入れておくと色が薄くなり，再利用できる．

保 存　室温で保存する．

参照　1) 酢酸　17ページ
2) SDSポリアクリルアミドゲル　138ページ
3) CBB染色液　141ページ

memo

アミドブラック

amido black

調製法 0.2％ アミドブラック10B 200mL

- **使用試薬**

  アミドブラック10B $C_{22}H_{14}N_6Na_2O_9S_2$ 分子量 = 616.49
  メタノール
  酢酸

- **用意するもの** （最終濃度）

アミドブラック10B	0.4g	[0.2％（w/v）]
メタノール	10mL	[5％（v/v）]
酢酸	15mL	[7.5％（v/v）]
水	175mL	

- ●十分に混合溶解し，No.1濾紙（Whatman社）で濾過する．

  注意 染色液やゲルを扱う場合は，メタノールが有毒なため手袋を着用する．

Data

用　途 ポリアクリルアミドゲル中タンパク質や，メンブレン上のタンパク質の染色に用いる．

特　性 CBBより感度は低い（数分の1）が，タンパク質の種類によらず，均一に染まりやすい．

保　存 室温で保存する．

memo

SYBR® Green/Gold 染色液

SYBR® Green/Gold solutions

・使用試薬

核酸染色用のSYBR® Green/Gold（各メーカーから販売されている）

Data

用　途　DNAあるいはRNAを電気泳動したアガロースゲル[1]の染色に使用する．エチジウムブロマイド[2]と同様に用いることが可能であるが，より高感度な染色試薬である．希釈率は各メーカーのプロトコルにしたがう．通常，SYBR® Green（サイバーグリーン）の場合は30〜60分，SYBR® Gold（サイバーゴールド）の場合は15〜30分染色する．TAE[3]などのバッファーに希釈した染色液は調製した当日は繰り返し使用可能．翌日以降は使用時に原液を加えればよい．

保　存　小分けして-20℃で遮光保存する．凍結融解は数回までとして，繰り返しは避ける．

参照　1) アガロースゲル　127ページ
　　　　2) エチジウムブロマイド　67ページ
　　　　3) TAE　123ページ

memo

過硫酸アンモニウム (APS)

ammonium persulfate / 別名：過硫酸アンモン，ペルオキソ二硫酸アンモニウム

調製法　10% APS　50mL

・使用試薬

過硫酸アンモニウム（APS）　**危険物**

$(NH_4)_2S_2O_8$　分子量 = 228.20

● 試薬5gを水に溶かし，50mLにメスアップする．

Data

用　途　TEMEDとともに，アクリルアミドゲル[1]の重合開始に使用する．ゲル溶液に0.1%になるように加えて使用する．

特　性　酸化力があり，水に易溶．粉末試薬は冷蔵保存．

保　存　冷蔵庫で保存する．

参照　1) ポリアクリルアミドゲル　131ページ

memo

LB 培地

Luria-Bertani mediumn

調製法　LB 培地　1L

- 用意するもの　　　　　　　　　　　　　　　　　（最終濃度）

トリプトン※	10g	〔1％ (w/v)〕
酵母エキス※	5g	〔0.5％ (w/v)〕
塩化ナトリウム[1]	10g	〔1％ (w/v)〕
濃水酸化ナトリウム[2]	適量	

❶ 各試薬をはかって1Lの水に溶かす．
❷ 濃水酸化ナトリウムを用い，pH=7.0に合わせる．
❸ オートクレーブして保存．

Point　※トリプトンはカゼインの加水分解物，酵母エキスは酵母の酸抽出物なので，少し酸性に偏っている．

Data

特　性　最も一般的な大腸菌の培地．

保　存　室温，あるいは冷蔵庫で保存する．

備　考　寒天で固めればLBプレートになる[3]．

参照　1）塩化ナトリウム　21ページ
　　　　2）水酸化ナトリウム　18ページ
　　　　3）培養プレート作製法　242ページ

memo

SOB 培地 / SOC 培地

SOB medium, SOC medium

調製法　SOB 培地　1L

・**用意するもの**　　　　　　　　　　　　　　　　　（最終濃度）

トリプトン[1]	20g	（2％）
酵母エキス[1]	5g	（0.5％）
塩化ナトリウム[2]	0.5g	（0.05％）
塩化カリウム[3]	0.186g	（0.0186％）
1M 塩化マグネシウム[4] ★	10mL	（10mM）
1M D-グルコース[5] ★※	20mL	（20mM）
濃水酸化ナトリウム[6] ★	適量	

※18g/100mLの濃度で作製．SOC 培地の場合のみ添加．SOB 培地にD-グルコースを加えたものが SOC 培地である．

❶ ★以外の試薬を1Lの水に混合，溶解し，濃水酸化ナトリウムを用いpH試験紙でチェックしながらpH=7.0に調整後オートクレーブする．

❷ 冷めた後，オートクレーブした1M 塩化マグネシウムを加える．SOC 培地の場合はさらにフィルター滅菌した1M D-グルコースを無菌的に加える．

memo

Data

用 途 トランスフォーメーション（形質転換）で使用される[7].

保 存 室温あるいは冷蔵庫で保存する.

Point 塩化マグネシウムはDNAの取り込みを促進し，グルコースは細菌の増殖能を高めることによりプラスミド由来遺伝子の発現を高める．SOC培地がよいが，SOB培地でもほとんど問題はない．

参照 1) LB培地　146ページ
　　　 2) 塩化ナトリウム　21ページ
　　　 3) 塩化カリウム　22ページ
　　　 4) 塩化マグネシウム　23ページ
　　　 5) アルカリ溶解法：溶液I　54ページ
　　　 6) 水酸化ナトリウム　18ページ
　　　 7) プラスミドの導入　244ページ

memo

NZYM培地

NZYM medium

調製法　NZYM培地　1L

- **用意するもの**　　　　　　　　　　　　　　　　（最終濃度）

酵母エキス[1]	5g	（0.5％）
NZアミン	10g	（1％）
塩化ナトリウム[2]	5g	（0.5％）
硫酸マグネシウム七水和物[3]	2g	（0.2％）

❶ 各試薬をはかって1Lの水に溶かす．
❷ 濃水酸化ナトリウム[4]を用い，pH試験紙でチェックしながらpH=7.0に合わせる．
❸ オートクレーブして保存．

Data

用　途　ラムダファージ感染菌の培養に用いる．

保　存　室温，あるいは冷蔵庫で保存する．

備　考　LBプレートと同じつくり方で，寒天培地をつくれる[5]．

参照　1) LB培地　146ページ
　　　　2) 塩化ナトリウム　21ページ
　　　　3) 硫酸マグネシウム　30ページ
　　　　4) 水酸化ナトリウム　18ページ
　　　　5) 培養プレート作製法　242ページ

memo

M9培地

M9 medium

調製法 M9培地 1L

・**使用試薬**
リン酸二水素カリウム[1] KH_2PO_4 分子量 = 136.1
塩化アンモニウム NH_4Cl 分子量 = 53.5
リン酸水素二ナトリウム七水和物[1]
塩化ナトリウム[2]
D-グルコース[3]

・**用意するもの** (最終濃度)

リン酸水素二ナトリウム七水和物	12.8g	(48mM)
リン酸二水素カリウム	3.0g	(22mM)
塩化アンモニウム	1.0g	(19mM)
塩化ナトリウム	0.5g	(8.6mM)
40%(w/v) D-グルコース[4]	10mL	(0.4%)

❶ D-グルコース以外の試薬を1Lの水に溶解してオートクレーブする.
❷ 冷めた後にフィルター滅菌したD-グルコースを無菌的に加える.

memo

Data

用 途 大腸菌用の代表的合成培地．通常は水のなかに微量含まれているが，増殖をよくするためにオートクレーブ後，別々にオートクレーブした塩化カルシウム[5]と硫酸マグネシウム[6]をそれぞれ0.1mMおよび1mMに加えたり，必要に応じてアミノ酸を添加する．

Point 野生型の大腸菌はこのような最小培地でも生育できる．栄養要求性変異株の分離・生育のためには，ここにアミノ酸などの栄養素を添加する．

保 存 室温あるいは冷蔵庫で保存する．

備 考 菌の増殖に多少時間がかかる．水の純度が高すぎるとその傾向が強い．

参照 1）リン酸バッファー　36ページ
2）塩化ナトリウム　21ページ
3）アルカリ溶解法：溶液I　54ページ
4）酵母用培地　154ページ
5）塩化カルシウム　27ページ
6）硫酸マグネシウム　30ページ

memo

富栄養培地

rich media for *E.coli* culture

調製法

❶ 2YT 培地（2YT medium） 1L

・用意するもの　　　　　　　　　　　　　　　　（最終濃度）

トリプトン[1]	16g	〔1.6％(w/v)〕
酵母エキス[1]	10g	〔1％(w/v)〕
塩化ナトリウム[2]	5g	〔0.5％(w/v)〕

● LB培地と同じ要領で作製・保存する．

用　途　主に形質転換で使用する．

❷ スーパーブロス（super broth） 1L

・用意するもの　　　　　　　　　　　　　　　　（最終濃度）

トリプトン[1]	33g	〔3.3％(w/v)〕
酵母エキス[1]	20g	〔2％(w/v)〕
塩化ナトリウム[2]	7.5g	〔0.75％(w/v)〕

● LB培地と同じ要領で作製・保存する．

用　途　大量の菌体を得たいときに使用する．

memo

❸ テリフィックブロス（terrific broth） 1L

・用意するもの (最終濃度)

トリプトン[1]	12g	〔1.2％（w/v）〕
酵母エキス[1]	24g	〔2.4％（w/v）〕
グリセロール[3]	4mL（5.0g）	〔0.4％（v/v）〕
0.17M リン酸二水素カリウム[4] と 0.72M リン酸水素二カリウムの混合溶液※	100mL	

❶ ※を除いて896mLの水に混合溶解し，オートクレーブする．
❷ 無菌的に※を加える．

Data

用　途　　菌を高濃度で増殖させるのに適する．

特　性　　強い緩衝作用が菌増殖によるpH低下を抑える．

保　存　　室温あるいは冷蔵庫で保存する．

参照　1）LB培地　146ページ
　　　2）塩化ナトリウム　21ページ
　　　3）70％グリセロール　107ページ
　　　4）M9培地　150ページ

memo

酵母用培地

culture media for yeast

調製法　酵母用培地　600mL

・用意するもの　　　　　　　　　　　　　　　　　（最終濃度）

Bacto-ペプトン（Difco社）	12g	〔2％(w/v)〕
酵母エキス[1]	6g	〔1％(w/v)〕
D-グルコース（デキストロース）	12g	〔2％(w/v)〕
アデニン（2.4mg/mL）	10mL	〔1.67％(v/v)〕

（アデニン240mgを水100mLに溶かす）

酵母ナイトロジェンベース（アミノ酸不含）	4g	〔0.67％(w/v)〕
カザミノ酸（Difco社）	3g	〔0.5％(w/v)〕

（カゼイン塩酸加水分解物）

40％ D-グルコース[※1]	6mL	〔1％(v/v)〕

・培地名と作製法

❶ YPAD培地 ⇒ 基本的栄養培地
● Bacto-ペプトン，酵母エキス，グルコース，アデニンに水590mLを加えて溶かし，オートクレーブする．

❷ YPD培地
● YPADをアデニンを除いて作製する．

memo

❸ 2×YPAD培地 ⇒ 富栄養培地

❶ YPAD培地の成分を2倍使用して作製するが,総液量は594mLとし,グルコースは入れない.
❷ オートクレーブ後,グルコース溶液を無菌的に6mL加える.

> **注意** グルコースを高濃度の他の培地成分と一緒にオートクレーブすると変質しやすいため,後から加える.

❹ SD培地 (synthetic dextrose) ⇒ 最少培地として使用

● グルコース,酵母ナイトロジェンベースを水600mLに溶かし,オートクレーブする.

❺ エンリッチSD培地 (enrich SD)

● SD培地にカザミノ酸を加えて作製する.

> **Point** ※1 粉末試薬のグルコースを使えない場合に使用する.
> 40% D-グルコースの作製法 → 100mLの位置にマークした瓶に40gのグルコースをマークの下まで入れてできるだけ溶かす.オートクレーブ後(完全に溶ける)滅菌水でマークの位置までメスアップする.

Data

用 途 酵母の培養で使用する.
保 存 室温,あるいは冷蔵庫保存する.
参照 1) LB培地 146ページ

memo

寒天培地

agar

調製法 固体培地 400mL（プレート約20枚分）

・使用試薬
寒天粉末（培地用，Bacto agar など）
　テングサなどからつくられ，アガロースを主成分とする．

・用意するもの　　　　　　　　　　　　　　　　　　（最終濃度）

寒天粉末	6g	（1.5％）
液体培地	400mL	

❶ 上記を1Lの三角フラスコなどに入れてオートクレーブして溶かす．
❷ 少し冷めたところで（手でもてる程度）シャーレなどの容器に無菌的に注ぎ，静置して固める[1]．

Point　液体培地は目的に合った組成のものを用いる．

Data

用　途　固体培地の材料として用いる．
　　　　平板培地（プレート）には1.5％，ファージプラーク形成用のトップアガーには0.7％加える．

備　考　90℃以上の加熱で溶解（ゾル化）し，室温～40℃ぐらいまで冷えると固まる（ゲル化する）．

参照 1）培養プレート作製法　242ページ

memo

抗生物質（大腸菌実験用）

antibiotics for *E.coli* experiments

・抗生物質名（略語）

アンピシリン（Amp）
　細胞壁合成阻害剤．最も一般的．静菌的作用をもつ．
　比較的不安定で，かつ使用濃度の幅が広いため，濃いめで使用される．

カナマイシン（Km）
　タンパク質合成阻害剤．

ストレプトマイシン（Str）
　タンパク質合成阻害剤．

クロラムフェニコール（Cm）
　タンパク質合成阻害剤．プラスミドを増幅させるときは，高濃度200～300μg/mLで使用する．クロロマイセチン（クロマイ）ともよばれる．

テトラサイクリン（Tc）
　タンパク質合成阻害剤．光で分解されるため，遮光して（培地も）保存する．

memo

・保存溶液と使用濃度

表6-1に示す.

❶ 試薬0.1～1gを秤量し,溶媒を10mL加えて溶かす[※1].
❷ 水溶液の場合はフィルター滅菌する[※2].

Point
[※1] 製品容器に入っている量が少ない場合は中に直接溶媒を入れる.
[※2] エタノールに溶かす場合は滅菌は必須ではないが,有機溶剤専用のフィルターで濾過してもよい.

Data

用 途 オートクレーブ後,薬剤が失活しないよう,培地が冷めてから(寒天培地の場合は固まる前に),無菌的に加える.

保 存 小分けして−20℃で保存する.

表6-1 ● 保存溶液と使用濃度

抗生物質名	保存溶液 (mg/mL)	溶媒	使用濃度 (μg/mL)	使用範囲 (μg/mL)
アンピシリン	100	滅菌水	100	20～200
カナマイシン	20	滅菌水	20	10～50
ストレプトマイシン	10	滅菌水	10	10～50
クロラムフェニコール	30	エタノール	30	30～170
テトラサイクリン	10	エタノール[※3]	20	10～50

[※3] 塩酸塩(塩酸テトラサイクリン)の場合は滅菌水で調製する

memo

IPTG

isopropyl 1-thio-β-D-galactoside

調製法 0.1M IPTG 〜4mL

・使用試薬

IPTG (isopropyl 1-thio-β-D-galactoside) 分子量＝238.3
*lac*リプレッサーに結合する．大腸菌ラクトースオペロンの強力なインデューサー．β-ガラクトシダーゼ非代謝性．

● 試薬0.1gを4.2mLの水に溶かし，フィルター滅菌する．

Data

用　途　ラクトースオペロンの誘導（β-ガラクトシダーゼの発現など）に使用される．
　　　　培地の1/1,000容量の保存溶液を，薬剤が失活しないよう，培地が冷めてから加える．

Point　プレートに20〜50μL滴下し，スプレッダーで広げて染み込ませてから使用する場合もある．

保　存　小分けして-20℃で保存する．

memo

X-gal

5-bromo-4-chloro-3-indolyl-β-D-galactoside

調製法 2% X-gal　5mL

・使用試薬

X-gal（5-bromo-4-chloro-3-indolyl-β-D-galactoside）
分子量 = 408.6

β-ガラクトシダーゼで分解され，青色に発色する．

● 試薬100mgを5mLのDMF（*N, N*-dimethylformamide）に溶かして保存．

Data

用　途　β-ガラクトシダーゼ活性の有無を利用するカラーセレクション（ブルーホワイトアッセイ）や，β-ガラクトシダーゼ活性測定の基質として使用される．
培地の1/500容量の保存溶液を，薬剤が失活しないよう，培地が冷めてから加える．

Point　プレートに30～50μL滴下し，スプレッダーで広げて染み込ませてから使用する場合もある．

保　存　小分けして-20℃で保存する．

memo

SMバッファー

salt-magnesium buffer

調製法 SMバッファー　500mL

・用意するもの　　　　　　　　　　　　　　　　　（最終濃度）

塩化ナトリウム[1]	2.9g	(0.1M)
硫酸マグネシウム七水和物[2]	1g	(8mM)
1M トリス塩酸バッファー (pH=7.5)[3]	25mL	(50mM)
2% ゼラチン※	2.5mL	(0.1%)

※2gゼラチン粉末を100mLの水に入れ，オートクレーブして溶かして作製する．

● 試薬を混合，溶解し，水で500mLにメスアップ後オートクレーブする．

Data

用　途　ファージを懸濁，保存するのに使用する．

保　存　冷蔵庫で保存する．

備　考　TM (Tris-magnesium) バッファーはSMバッファーから塩化ナトリウムとゼラチンを除いたもの．

Point　ファージの安定化にはSMバッファーの方が優れている．

参照　1）塩化ナトリウム　21ページ
　　　　2）硫酸マグネシウム　30ページ
　　　　3）トリス塩酸バッファー　31ページ

memo

ファージ沈殿液

solution for phage precipitation

調製法　ファージ沈殿液　1L

・用意するもの　　　　　　　　　　　　　　　　　（最終濃度）

ポリエチレングリコール（PEG）6000[1]	200g	(20%)
塩化ナトリウム[2]	58g	(2M)
1M トリス塩酸バッファー（pH=7.4）[3]	10mL	(10mM)
1M 硫酸マグネシウム[4]	10mL	(10mM)

● 少なめの水にPEGを溶かし，残りの試薬を混合した後，水で1Lにメスアップする．

Data

操　作　ファージ懸濁液の0.7容量の沈殿液を加え，氷中で30分間静置後，高速遠心でファージを回収する．

保　存　室温，あるいは冷蔵庫で保存する．

備　考　トリス・フェノール[5]，フェノール・クロロホルム[6]抽出でPEGは除かれ，ファージDNAが精製できる．

参照
1) DNA沈殿用PEG　68ページ
2) 塩化ナトリウム　21ページ
3) トリス塩酸バッファー　31ページ
4) 硫酸マグネシウム　30ページ
5) トリス・フェノール　62ページ
6) フェノール・クロロホルム（クロロパン）　65ページ

memo

Earle液

Earle's saline

調製法　Earle液　1L

・用意するもの

A液

塩化ナトリウム[1]	6.8g
塩化カリウム[2]	0.4g
リン酸二水素ナトリウム二水和物[3]	0.163g
水	800mL

B液

硫酸マグネシウム七水和物[4]	0.2g
水	100mL

C液

塩化カルシウム[5]	0.2g/100mL
水	100mL

10％ D-グルコース[6] ※1	10mL
7.5％（w/v）炭酸水素ナトリウム[7]	15〜30mL
0.2％（w/v）フェノールレッド※2	5mL

※1 フィルター滅菌したもの．
※2 0.2gのフェノールレッドを100mLの精製水に溶かしてオートクレーブする．

❶ A液：800mLの水に試薬を溶かしオートクレーブする．
❷ B液とC液：それぞれ100mLの水に溶かし，別々にオートクレーブする．
❸ A，B，C液を無菌的に混合する．

❹ そこに滅菌グルコース溶液10mLと炭酸水素ナトリウム15〜30mLを無菌的に加える．

❺ pH表示が必要な場合はフェノールレッド溶液5mLを無菌的に加える．

Data

用　途　細胞培養の基礎ともなる代表的生理塩溶液の1つ．

Point　炭酸ガス分圧と炭酸水素ナトリウムの濃度でpHが中性に保たれるように工夫されている．

保　存　冷蔵庫で保存する．

備　考　7.5％炭酸水素ナトリウムは閉鎖系培養（密栓しての培養）の場合15mL程度でよいが，5％炭酸ガス存在下では30mL程度にする．

Point　類似の塩溶液にHanks液がある．
フェノールレッドは中性ではオレンジ色になるが，酸性，アルカリ性ではそれぞれ黄色，赤紫色に変化する．ただ，細胞にとって決してよくはないので加えないこともある．

参照
1) 塩化ナトリウム　21ページ
2) 塩化カリウム　22ページ
3) リン酸バッファー　36ページ
4) 硫酸マグネシウム　30ページ
5) 塩化カルシウム　27ページ
6) 酵母用培地　154ページ
7) 炭酸水素ナトリウム　173ページ

PBS（−）

phosphate buffered saline / リン酸緩衝生理食塩水

調製法

10 × PBS（−）　1L

- **用意するもの** （最終濃度）

塩化ナトリウム[1]	80g	（1.37M）
塩化カリウム[2]	2g	（27mM）
リン酸水素二ナトリウム十二水和物[3]	35.8g	（100mM）
リン酸二水素カリウム[3][4]	2.4g	（18mM）

❶ 4種の塩を混合しながら水で1Lまでメスアップする．
❷ オートクレーブして保存する．

Point　リン酸水素二ナトリウムとリン酸二水素カリウム濃度をそれぞれ80mM，15mMにする作製法もある．

PBS（−）　200mL

● 滅菌した水180mLに20mLの10×PBS（−）を無菌的に加えるか，再度オートクレーブする．必要に応じて塩酸[5]あるいは水酸化ナトリウム[6]でpH=7.4に整える．

Data

用　途　細胞の洗浄や懸濁，トリプシン処理前の細胞洗浄などに

memo

用いる.

Point Dulbeccoによりつくられた代表的生理塩溶液で，生理食塩水[7]より生理的.

保　存　10×PBSは室温，あるいは冷蔵庫で保存する.
1×PBS希釈液は冷蔵庫で保存する.

備　考　オリジナルのPBSは0.5mM 塩化マグネシウム[8]と1mM 塩化カルシウム[9]を含み，上記溶液はそれと区別するためにPBS(−)とよばれる．マグネシウムイオン，カルシウムイオン入りPBS〔PBS(＋)〕は，細胞を凝集させたり，種々の酵素を活性化させるので，組織洗浄や特別な目的に使用されることが多い．なお，PBS(＋)はオートクレーブできないので，塩化マグネシウムと塩化カルシウム溶液は10倍溶液のものを作製して別々にオートクレーブし，10×PBS(−)とともに滅菌水で希釈して作製する.

参照
1) 塩化ナトリウム　21ページ
2) 塩化カリウム　22ページ
3) リン酸バッファー　36ページ
4) M9培地　150ページ
5) 塩酸　16ページ
6) 水酸化ナトリウム　18ページ
7) 生理食塩水　169ページ
8) 塩化マグネシウム　23ページ
9) 塩化カルシウム　27ページ

memo

TBS

Tris-buffered saline

調製法　TBS　1L

・用意するもの　　　　　　　　　　　　　　　　（最終濃度）

塩化ナトリウム[1]	8g	(137mM)
塩化カリウム[2]	0.2g	(2.7mM)
トリス塩基[3]	3g	(25mM)
フェノールレッド	0.015g	(0.0015%)
6N 塩酸[4]	少量	
水	1Lにメスアップ	

❶ 約900mLの水に前者3種の試薬を溶かし，塩酸でpH=7.4に合わせる．この時点でオートクレーブする．

❷ フェノールレッドは必要があればオートクレーブ後，無菌的に加え，1Lにメスアップする．

Data

用　途　トリス塩酸バッファー[3]ベースの生理的塩溶液．pH変化が少ない．培養細胞の一時的保存や洗浄に用いられる．

Point　フェノールレッドは中性ではオレンジ色になるが，酸性，アルカリ性ではそれぞれ黄色，赤紫色に変化する．ただ，細胞にとって決してよくはないので加えないこともある．トリス塩基を50mMにする作製法もある．

保　存　室温，または冷蔵庫で保存する．

参照　1）塩化ナトリウム　21ページ
　　　2）塩化カリウム　22ページ
　　　3）トリス塩酸バッファー　31ページ
　　　4）塩酸　16ページ

HBS

HEPES-buffered saline

調製法 $2 \times$ HBS　100mL

・用意するもの　　　　　　　　　　　　　　　　（最終濃度）

塩化ナトリウム[1]	1.6g	（274mM）
塩化カリウム[2]	0.074g	（10mM）
リン酸水素二ナトリウム十二水和物[3]	0.054g	（1.5mM）
D-グルコース[4]	0.2g	（0.2％）
HEPES[5]	1g	（42mM）
0.5N 水酸化ナトリウム[6]	少量	

❶ 約80mLの水に最初の5種の試薬を加えて溶かす．
❷ 水酸化ナトリウム溶液でpHを正確に7.05に合わせる．
❸ 水で100mLにメスアップした後，フィルター滅菌する．

Data

用途　細胞の環境を一時的に安定化させたいとき，DNAトランスフェクション[7] などに用いる．

Point　TBS[8] よりも生理的で，pHも変化しにくい．

保存　小分けして−20℃か−80℃で保存する．

参照
1) 塩化ナトリウム　21ページ
2) 塩化カリウム　22ページ
3) リン酸バッファー　36ページ
4) アルカリ溶解法：溶液I　54ページ
5) HEPESバッファー　34ページ
6) 水酸化ナトリウム　18ページ
7) トランスフェクション溶液　181ページ
8) TBS　167ページ

生理食塩水 / 生理的食塩水

physiological saline

調製法　0.9％（w/v）　塩化ナトリウム　1L

- **使用試薬**

    塩化ナトリウム　NaCl　分子量 = 58.44

① 試薬9gを溶かし，1Lにメスアップする．
② 密栓してオートクレーブする[1]．

Data

用　途　最も簡単な組成をもつ，哺乳動物の体液とほぼ等張の塩溶液．細胞や組織の懸濁や洗浄に用いる．俗に「せいしょく」と縮めて呼ばれる．

特　性　実際の体液のナトリウムイオンや塩素イオン濃度は体液中のそれらの濃度より少し高いため，0.85％にする方法もある．

保　存　室温あるいは冷蔵庫で保存する．

参照　1) 容器の材質と保存条件　214ページ

memo

リンガー液

Ringer solution/Ringer's solution

調製法　リンガー液（リンゲル液）　1L

レシピA　1L

- **用意するもの**　　　　　　　　　　　　　　　（最終濃度）

塩化ナトリウム[1]	8.65g	(148mM)
塩化カリウム[2]	0.3g	(4mM)
1M　塩化カルシウム[3]	4mL	(4mM)

❶塩化ナトリウムと塩化カリウムを996mLの水に溶かし，密栓してオートクレーブする[4]．

❷冷めてから，無菌的に塩化カルシウム溶液4mLを加える．

● pHを中性に保つためのオプション→❶の試薬溶解の後，HEPES[5]を1.19g加え，5N 水酸化ナトリウム[6]でpHを7.4に合わせる．

レシピB　1L

- **用意するもの**　　　　　　　　　　　　　　　（最終濃度）

塩化ナトリウム	9.06g	(155mM)
塩化カリウム	0.224g	(3mM)
1M 塩化カルシウム[※1]	2mL	(2mM)

memo

1M 塩化マグネシウム[7] ※1	1mL	(1mM)
リン酸二水素ナトリウム[8] 　　（無水：0.36g，二水和物：0.468g）		(3mM)
1M D-グルコース ※2	10mL	(10mM)
HEPES	1.19g	(5mM)

- ❶ ※1 以外の試薬を混合して987mLの水に溶かし，5N 水酸化ナトリウムでpHを7.4に合わせ，密栓してオートクレーブする[4]．
- ❸ 冷めてから，無菌的に塩化カルシウム溶液2mL，塩化マグネシウム1mL，グルコース10mLを加える．

> **Point** ※2 1Mグルコースは18.0gの試薬を100mLに溶かしてフィルター滅菌する．冷蔵庫で保存する．

Data

用　途　レシピAは動物の体液の補充や器官灌流，組織洗浄などに用いる．レシピBは特に細胞の洗浄などで使われる．

特　性　S. Ringerによりつくられた．さまざまな組成のものがある．

保　存　冷蔵庫で保存する．

参照
1) 塩化ナトリウム　21ページ
2) 塩化カリウム　22ページ
3) 塩化カルシウム　27ページ
4) 容器の材質と保存条件　214ページ
5) HEPESバッファー　34ページ
6) 水酸化ナトリウム　18ページ
7) 塩化マグネシウム　23ページ
8) リン酸バッファー　36ページ

memo

グルタミン溶液

glutamine

調製法　200mM グルタミン溶液　100mL

・使用試薬
　　L-グルタミン　分子量 = 146.15
- *L*-グルタミン 2.92g を 100mL の水に溶かし,フィルター滅菌する.

Data

用　途　グルタミンは培地中で失活しやすく,特にオートクレーブして作製する培地では冷えてから添加されることが多い.培地の1%程度加える.

保　存　冷蔵庫,あるいは−20℃で保存する.

memo

炭酸水素ナトリウム

sodium hydrogen carbonate /
別名：重炭酸ナトリウム，重曹

調製法　7.5％　炭酸水素ナトリウム

・使用試薬

炭酸水素ナトリウム（重炭酸ナトリウム，重曹）
$NaHCO_3$　分子量 = 84.01

● 試薬15gを200mLの水に溶かし，密栓してオートクレーブする[1].

Data

用　途　炭酸ガスインキュベーターで細胞を培養するときのバッファー成分として使用する．培地により異なるが，5％ CO_2 存在下の場合，100mLに対しておよそ2.5～3.0mL添加する．

Point　弱アルカリ性を示すが，炭酸が存在するとバッファー作用が出る．

保　存　室温，あるいは冷蔵庫で保存する．

参照　1）容器の材質と保存条件　214ページ

memo

軟寒天培地

soft agar medium

調製法

1% 寒天溶液

- **使用試薬**

  寒天

  精製寒天（Difco 社の Noble Agar），アガロース（SeaKem 社の Agarose ME や LE）も使用できる．

- ❶ 1g の寒天を水 100mL に入れ，オートクレーブで溶かす．

  Point 溶けた寒天溶液を冷まし，40℃で保温する．

0.33% 軟寒天培地

- **使用試薬**

  培地

  細胞に合ったもの．

  1％寒天溶液

- ❶ 細胞を含む培地を 37℃に保温し，そこに 1％寒天溶液を培地の半量加える．
- ❷ 速やかに培養容器に移し，静置して固めた後，炭酸ガスインキュベーターに入れ，細胞を培養する．

memo

| Point | 軟寒天培地が滑らないようにするため，前もって0.5％寒天培地を軟寒天培地の下層に敷く方法もある．その場合は，寒天溶液と保温した培地を等量混ぜたものをシャーレに注ぎ，固める． |

Data

| 用　途 | 接触阻止能を失った悪性細胞の増殖（コロニーを形成する）に用いられる． |

| Point | 1.5％メチルセルロース培地も同様に使用される．特性は寒天培地に似るが，加熱せずに作製し，そのまま懸濁する． |

| 備　考 | アガロースの場合は濃度を半分に下げる． |

memo

抗生物質（細胞培養用）

antibiotics for cell culture

・抗生物質名（欧文表記）

ペニシリン G（Penicillin G）

- **効　果**　グラム陰性菌，グラム陽性菌に対して広く効果がある．
- **溶　解**　60mg/mL（10万単位*）になるように水に溶解し，濾過滅菌して−20℃で保存する．
- **使　用**　60 μg/mL（100単位*）の濃度で培地に加える．
- **備　考**　試薬はカリウム塩が一般的．
- **Point**　*1単位 = 0.6 μg/mL

ストレプトマイシン（Streptomycin）

- **効　果**　グラム陰性菌，グラム陽性菌に対して広く効果がある．
- **溶　解**　100mg/mL になるように水に溶解し，濾過滅菌して−20℃で保存する．
- **使　用**　100 μg/mL の濃度で培地に加える．
- **備　考**　試薬は硫酸塩が一般的．

カナマイシン（Kanamycin）

- **効　果**　グラム陰性菌，グラム陽性菌に対して広く効果がある．
- **溶　解**　15mg/mL になるように水に溶解し，濾過滅菌して−20℃で保存する．
- **使　用**　50 μg/mL の濃度で培地に加える．
- **備　考**　オートクレーブ可能．

ツニカマイシン（Tunicamycin）

- **効　果**　細菌，酵母，真菌に対して効果がある．
- **溶　解**　1〜10mg/mLになるようにDMSO（ジメチルスルフォキシド）に溶解して，−20℃で保存する．
- **使　用**　1〜10μg/mLの濃度で培地に加える．
- **備　考**　糖合成の阻害剤．

アンフォテリシンB（Amphotericin B）

- **効　果**　多くの真菌に対して効果がある．
- **溶　解**　40mg/mLになるようにDMSOに溶解して，−20℃で保存する．
- **使　用**　1〜10μg/mLの濃度で培地に加える．
- **備　考**　Fungizoneともよばれる．

G418（ジェネテシン：Geneticin）

- **効　果**　細菌から哺乳類細胞までの細胞に対して効果がある．
- **溶　解**　10〜50mg/mLになるように0.1M HEPESバッファー[1]や培養用培地で溶かし，−20℃で保存する．
- **使　用**　0.1〜2mg/mLの濃度で培地に加える．
- **備　考**　ネオマイシン（Neomycin）耐性細胞の選択に使用する．実験条件により使用濃度は大きく異なる．

Data

- **用　途**　細胞培養の培養液に，（G418を除き）コンタミネーション防止のために加える．一般的にはペニシリンGとストレプトマイシンを併用する．

参照　1）HEPESバッファー　34ページ

トリプシン溶液

trypsin

調製法　トリプシン　1L

・使用試薬
　10×PBS（−）[1)]
　トリプシン粉末[2)]
　EDTA 二ナトリウム二水和物[3)]

・用意するもの　　　　　　　　　　　　　　　　（最終濃度）

水	900mL	
10×PBS（−）	100mL	〔1×〕
EDTA 二ナトリウム二水和物	0.04g	（0.1mM）
トリプシン	1g	（0.1％）
あるいは	2.5g	（0.25％）

❶ PBS（−）にEDTA粉末を溶かし（0.5M溶液を0.2mL加えてもよい），そこにトリプシンを加え，スターラーで撹拌しながら低温室で溶かす．

❷ 溶けたらフィルター滅菌して保存．

Data

用　途　付着性細胞を壁からはがしたり，組織に作用させ，シングルセルにするために使用する．使用する前に細胞をPBS

memo

(－)で洗浄する．0.5～5分くらいで効果が出るが，細胞により濃度や量を調節する．血清入り培地を加えて反応を停止させる．

保　存　滅菌した小ビンに小分け後，－20℃で保存する．

Point　使用中のものは冷蔵庫で保存してよい．

備　考　トリプシンのロットにより効き方に差があり，溶けるのに一晩かかる製品もある．
EDTAは細胞接着にかかわるマグネシウムイオンやカルシウムイオンを除くために用いるが，効き方をマイルドにするために加えないこともある．

注意　室温に置くと急速に失活する．

参照　1）PBS（－）　165ページ
2）LB培地　146ページ
3）EDTA　40ページ

memo

トリパンブルー

trypan blue

調製法 0.5% トリパンブルー　100mL

・使用試薬
トリパンブルー　分子量 = 960.79　健康有害性
10×PBS（−）[1]

● 0.5g のトリパンブルーを PBS（−）100mL に溶解し，濾紙で濾過して保存する．

Data

用　途　生きている細胞は染色されず，死んだ細胞のみが染まる「色素排除」の原理を用い，血球計算盤を用いて生細胞を計測するのに使用される[2]．

Point　細胞懸濁液に対し等量の色素液を加えて計算盤にセットし，顕微鏡で観察する[2]．死細胞は青黒く見えるが，生細胞は光って見える．

保　存　室温で保存する．

備　考　色素液を加えることにより死滅する細胞の割合は通常5%以下．

参照　1）PBS（−）　165ページ
　　　2）細胞数の計測　248ページ

memo

トランスフェクション溶液

solutions for DNA transfection

調製法

2×HBS
別項[1] 参照

2.5M 塩化カルシウム

・使用試薬
　塩化カルシウム二水和物[2]
- 塩化カルシウム二水和物を50mLの水に溶かし，フィルター滅菌後，小分けして−20℃か−80℃で保存する．

20％ グリセロール
- 20mLのグリセロール[3]を80mLのPBS（−）[4]と無菌的に混合し，冷蔵庫で保存する．

DNA溶液
適宜

Data

用　途　リン酸カルシウム法で細胞にDNAを取り込ませる．

操　作　（10cmシャーレの場合）

① 0.45mL DNA溶液と2×HBS 0.5mLをピペットで気泡を送りながら混合する．（図7-1）．

② ①のDNA溶液に50μLの塩化カルシウム溶液をピペットで気泡を送りながら少しずつゆっくりと加え，その後しばらく混合する（図7-1）．

③ 30分間室温放置しDNA沈殿を熟成させる．

❹培養液を除いた細胞に上記DNA沈殿1mLを重層し,ときどきゆすりながら30分間放置する.

❺4時間インキュベーターに置いた後,上清を除き,グリセロール溶液1mLを加える.

❻1分後PBS(-)で細胞を洗い,培養液を加えて培養を再開する.

備考 グリセロールの代わりに,細胞を0.1mM クロロキンリン酸/PBS(-)で8時間処理する方法もある.

Point HBSのpHを厳密に合わせ,バブリングしながらきめ細かなDNA沈殿をつくるのがコツ.

参照 1) HBS 168ページ
2) 塩化カルシウム 27ページ
3) 70%グリセロール 107ページ
4) PBS(-) 165ページ

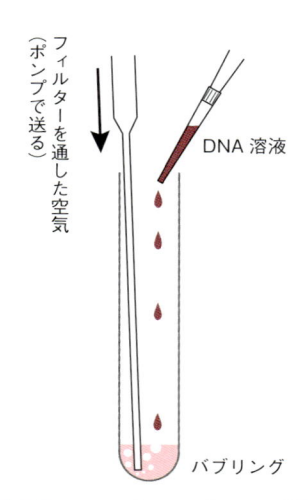

図7-1● トランスフェクション用DNA沈殿のつくり方

ギムザ染色液

Giemsa stain solution

調製法　50倍希釈ギムザ染色液　100mL

- **用意するもの**

ギムザ液（原液）[※1]	約1mL
PBS（−）[1)]	50mL

- ●PBS（−）にギムザ液を撹拌しながら混合する．作製～染色操作を通じて手袋を着用する．

  Point　[※1] メチレンブルーやエオシンを使った煩雑な操作でつくるため，自作するのは稀．既製品が使われる．

Data

用　途　細胞染色に使用する[2)]．用事調製する．沈殿が出るため，1時間以内に使い切る．

特　性　核は紫，好塩基性顆粒は青，好酸性顆粒は赤に染まる．希釈液は沈殿が出る．

保　存　原液は冷蔵保存する．劣化するので，水が入らないように注意．

参照　1）PBS（−）　165ページ
　　　　2）固定染色法　249ページ

memo

パラホルムアルデヒド溶液

paraformaldehyde solution for fixation

調製法 4％パラホルムアルデヒド溶液 100mL

・使用試薬
パラホルムアルデヒド（PFA） $(CH_2O)_n$ 　劇物指定
分子量はnに応じる

・用意するもの 　　　　　　　　　　　　　　　　　（最終濃度）
パラホルムアルデヒド（PFA）	4g	（4％）
10×PBS（－）[1]	10mL	（1×）
1N 水酸化ナトリウム[2]	数滴	

❶ 80mLの滅菌水にPFA粉末を懸濁し，スターラーで撹拌しながら，60℃になるように加温する．
❷ 1N 水酸化ナトリウム溶液を数滴加えるとPFAが溶解し，透明な溶液となる．
❸ スターラーを止め，10mLの10×PBS（－）を加える．
❹ 滅菌水で100mLにメスアップする．
❺ フィルターで濾過をする．

Data

用　途　組織や細胞の固定に使用する．PBSの代わりに，最終濃度0.1Mのリン酸バッファー（pH 7.4）[3] を用いることも可能．

保　存　－20℃で保存する．必要に応じて分注して保存する．解凍した溶液は冷蔵庫で保存する．

参照 1）PBS（－）　165ページ
　　　 2）水酸化ナトリウム　18ページ
　　　 3）リン酸バッファー　36ページ

ヘマトキシリン溶液

Mayer's hematoxylin solution

調製法　マイヤーヘマトキシリン溶液　1L

・使用試薬

　ヘマトキシリン　$C_{16}H_{14}O_6$　分子量 = 302.28
　ヨウ素酸ナトリウム　$NaIO_3$　分子量 = 197.89　**危険物指定**
　カリウムミョウバン12水和物
　　　$AlK(SO_4)_2 \cdot 12H_2O$　分子量 = 474.38
　抱水クロラール　$CCl_3CH(OH)_2$　分子量 = 165.40
　結晶性クエン酸　$C_6H_8O_7 \cdot H_2O$　分子量 = 210.14

・用意するもの　　　　　　　　　　　　　　　（最終濃度）

ヘマトキシリン	1g	（0.1％）
ヨウ素酸ナトリウム	0.2g	（0.02％）
カリウムミョウバン12水和物	50g	（5％）
抱水クロラール	50g	（5％）
結晶性クエン酸	1g	（0.1％）
滅菌水	1L	

❶ 100mLの滅菌水にヘマトキシリンをスターラーで60℃に加熱しながら溶かす.

❷ 加熱を止め,撹拌しながら滅菌水を900mL加え,ヨウ素酸ナ

memo

トリウムとカリウムミョウバンを加えて溶かす[※1].
❸ **抱水クロラールと結晶性クエン酸を加える.**

Point [※1] カリウムミョウバンは大きな固まりをそのまま入れると溶けにくいので,必要に応じて乳鉢などで砕いておく.

Data

用　途　組織染色で,主に核を青色に染色する.5〜10分染色し,10〜30分流水洗浄する.エオシン溶液[1]とのヘマトキシリン・エオシン(HE)染色法は,最も一般的な組織染色法.

保　存　遮光して室温で保存する.

参照 1) エオシン溶液　187ページ

memo

エオシン溶液

eosin Y solution

調製法 1%エオシン Y 溶液　500mL

- **使用試薬**

  エオシン Y　$C_{20}H_8Br_4O_5$　分子量 = 647.89

  酢酸　CH_3COOH　分子量 = 60.05　危険物指定

- **用意するもの**　　　　　　　　　　　　　　　　（最終濃度）

エオシン Y	5g	(1%)
水	500mL	
酢酸	数滴	

- ● 500mL の水にエオシン Y 5g を溶かし，氷酢酸を数滴滴下する．

Data

用　途　組織染色で，主に細胞質を赤色に染色する．5〜15分染色し，水で数回洗浄する．ヘマトキシリン溶液[1] とのヘマトキシリン・エオシン（HE）染色法は，最も一般的な組織染色法．

保　存　遮光して室温で保存する．

参照 1) ヘマトキシリン溶液　185ページ

memo

水溶性封入剤

mounting medium for microscopy

調製法 水溶性封入剤 10mL

・用意するもの (最終濃度)

1×PBS (−)[1]	10mL	(0.1×)
グリセロール[2] (glycerol, グリセリン)	90mL	(90%)

● 上記試薬を混合する.

Data

用 途 DABやX-gal[3]で染色した細胞や組織試料の封入に使用する.

蛍光観察の場合には、蛍光色素の退色防止のために、プロピルガレート (propyl gallate, 没食子酸プロピル) を最終濃度が0.5%になるように加える (10mLに0.05g).
室温では溶解しにくいので、60℃に温めて溶かす.
封入した試料はカバーグラスの端をマニキュアでシーリングし、冷蔵庫で1週間程度の保存が可能.

保 存 −20℃で保存する. 退色防止剤を加えている場合には遮光保存.

参照
1) PBS (−) 165ページ
2) 70%グリセロール 107ページ
3) X-gal 160ページ

memo

シクロヘキシミド

cycloheximide (CHX)

調製法　10mg/mL シクロヘキシミド　　10mL

・使用試薬

シクロヘキシミド　　　　　　　　　　　100mg
$C_{15}N_{23}NO_4$　　分子量 = 281.34　**劇物指定，毒性**

- 試薬を水10mLに溶かし，フィルター滅菌後，小分けして保存する．

注意　毒性が強いので取り扱いに注意する．

Data

用　途　タンパク質合成を停止させるので，タンパク質の安定性（半減期測定）や合成機構の研究に使用される．20～100 μg/mLの濃度で用いる．

特　性　放線菌の産生する抗生物質．真核生物のリボソームの60Sサブユニットに結合する．

保　存　−20℃で冷凍，あるいは冷蔵保存する．

memo

チミジン

thymidine (dT)/deoxythymidine

調製法　100mM　チミジン　100mL

・使用試薬

チミジン　2.42g
$C_{10}H_{14}N_2O_5$　分子量 = 242.2

● 試薬を100mLの水に溶解し，濾過滅菌する．

Point　軽く温めて溶かしてもよい．

Data

用　途　HAT培地[1]作製，G_1期細胞同調などで使われる．

特　性　低濃度（例：16μM）では増殖維持に働くが，高濃度（例：2mM）ではG_1期で細胞増殖を停止させる．

保　存　−20℃で冷凍保存する．

参照　1) HAT培地　191ページ

memo

HAT 培地

HAT medium

調製法　HAT 培地　500mL

・用意するもの

細胞培養液（MEM など，細胞に適したもの）	500mL
100×ヒポキサンチン－チミジン（HT）*	5mL
40μM　アミノプテリン（AP）*	5mL
$C_{19}H_{20}N_8O_5 \cdot 2H_2O$　分子量 = 476.5	
（1.9mg を 100mL に溶かし，濾過滅菌して －20℃で冷凍保存）	
種々の添加物	適宜

❶ 培養液にそれぞれの試薬を無菌的に加える．

*HT や AP は血清を 10％（50mL）加えると薄まってしまう．使用には問題ないが，正確を期す場合は添加量を 5.5mL とする．

❷ 残りの培地添加物を必要に応じて無菌的に加える．

Point　100×HT 調製法：ヒポキサンチン（Hx：分子量 = 136.1）136mg と 100mM チミジン[1] 1.6mL を用い，100mL にメスアップする．100倍溶液中のそれぞれの最終濃度は 10mM と 1.6mM．フィルター滅菌して －20℃で冷凍保存．

Data

用　途　チミジンキナーゼ（TK）をもたない細胞を死滅させるための選択培地．TK⁻細胞に TK 遺伝子を入れ，遺伝子が安定に組み込まれた細胞を選択するために汎用される．

特　性　AP でプリンヌクレオチド（R）と dTTP の新生合成を阻害しても，サルベージ経路によってチミジンから dTTP が作られ，Hx からは R の共通の前駆体である IMP が作られるので，TK 遺伝子をもつ細胞は生存できる．

保　存　冷蔵庫で保存する．

参照　1）チミジン　190 ページ

ノコダゾール

nocodazole

調製法　1mM ノコダゾール　10mL

・使用試薬

　　ノコダゾール　$C_{14}H_{11}N_3O_3S$
　　　分子量 = 301.32
　　DMSO（ジメチルスルフォキシド）
　　　C_2H_6OS　分子量 = 78.129

・用意するもの

ノコダゾール	3mg
DMSO（ジメチルスルフォキシド）	10mL

● ノコダゾールを DMSO に加えて溶かす．

Data

用　途　細胞周期を G_2/M 期で停止させるので，細胞周期研究，同調培養に使用される．0.1〜50μM 範囲での使用例が多い．

特　性　β-チューブリンに結合することによって，微小管の重合/形成を阻止する．

保　存　冷蔵庫で保存する．

memo

BrdU（ブロモデオキシウリジン）

5-bromo-2'-deoxyuridine

調製法　1mM BrdU　100mL

・用意するもの

BrdU	30.7mg
$C_9H_{11}BrN_2O_5$　分子量 = 307.1	
PBS（−）[1]	100mL

❶ 試薬をPBS（−）に溶かし，フィルター滅菌する．
❷ 小分けし，冷凍保存する．

Data

- **用　途**　DNAに取り込まれ，抗体で検出できるので，S期細胞の検出マーカーとして使用される．培地に0.1％加える．個体には5〜50mg/kgで使用する．
- **特　性**　G：C→A：T転位を起こすので，変異源にもなる．
- **保　存**　−20℃で冷凍保存．
- **備　考**　BUdR（ブロモウラシルデオキシリボシド）ともいう．
- **参照**　1）PBS（−）　165ページ

memo

調製法

Data

memo

調製法

Data

memo

調製法

Data

memo

調製法

Data

memo

調製法

Data

memo

調製法

Data

memo

II部
基本操作編

1. 計量器具

実験は計量器で液をはかりとることからはじまる．以下に述べる計量器具のなかから，材質，液量，溶液の性質，そして実験の精度や目的を考慮し，適したものを使用する[1]．

1 計量器具の特性 (図1-1)

Ⓐ ビーカー：50mL〜5L．試薬を溶かしたり，おおよその量（目盛りは正確でない）をはかったり，取りわけたりするのに使用する．

Ⓑ メスシリンダー：20mL〜2L．液量を正確にはかるのに使用する（目盛りは注ぎ出した量を意味する）．底面積の大きいビーカー機能をあわせもつもの（メートルグラスⒸ）もある．

Ⓓ ピペット：0.1mL〜25mLの液を，吸いとったり注いだりするときに使用する[※1]（図1-2，図1-3）．

Ⓔ チップ脱着式マイクロピペッター：1μL〜10mL．耐薬品性プラスチックチップをつけてピストン方式で液を出し入れする器具（ギルソン社，エッペンドルフ社など）．滅菌清浄チップを使い捨てできるので便利．メスアップの最後のところでも使用される．気密性を保ち，使用範囲内で正しく使えば，数％以下の誤差で問題なく使える[※2]（図1-4）．

Ⓕ 三角フラスコ：マイヤーともいう．50mL〜2L．計量器ではないが（目盛りはあてにならない），液体を振盪したりする場合に用いる．細菌の液体培養ではよく使う器具．

Ⓖ コニカルチューブ：プラスチック製の目盛り付き滅菌済みチューブ（15mL，50mL）（コーニング製，ファルコン製など）．クロロホルムなど一部の溶媒を除きほぼすべての試薬で使用できる．目盛りも正確なので，メスシリンダーと保存容器の両方の目的で使える．

第1章-1. 計量器具

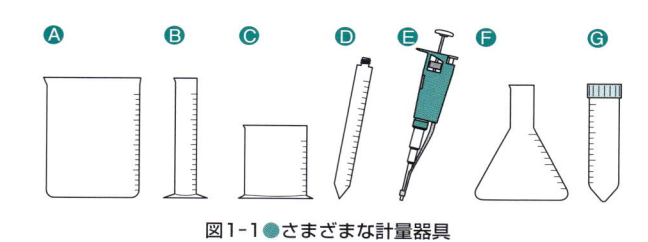

Ⅱ部
第1章 基本溶液

A　B　C　D　E　F　G

図1-1●さまざまな計量器具

ゴム製安全ピペッター　　電動式ピペッター

図1-2●ピペッター

親指と人指し指でゴムキャップをはさむ

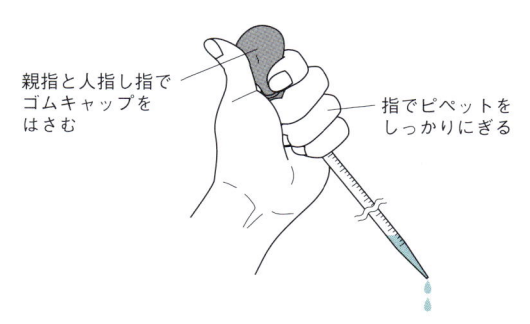

指でピペットをしっかりにぎる

図1-3●ゴムキャップをつけたピペットでの液の出し入れ

第1章-1. 計量器具

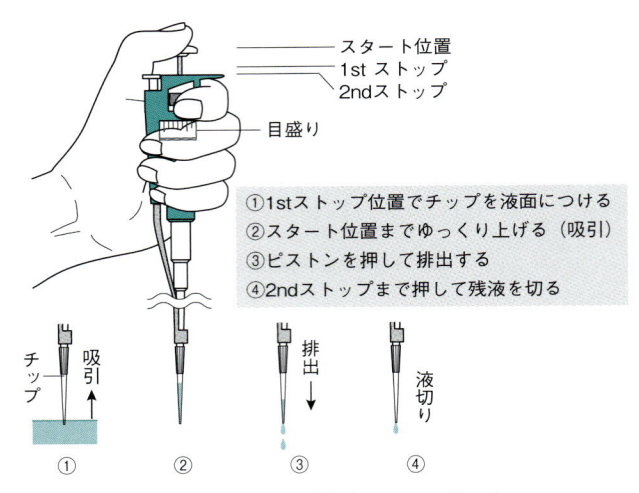

- スタート位置
- 1stストップ
- 2ndストップ
- 目盛り

① 1stストップ位置でチップを液面につける
② スタート位置までゆっくり上げる（吸引）
③ ピストンを押して排出する
④ 2ndストップまで押して残液を切る

① チップ／吸引
②
③ 排出
④ 液切り

図1-4●ピストン吸引式ピペッターの使い方

> **注意** [※1] 液の汚染の防止や安全を考慮する場合は，ゴム／シリコンゴム製の安全ピペッターやキャップ，あるいは電動ピペッターを使用し，口では吸わない．

> **Point** [※1] メスピペットの目盛りは（先端目盛り以外は）正確である．不確定な少量の液を吸いとったり滴下する場合には，パスツールピペットも使われる．

> **注意** [※2] 粘性のある液体，比重の高い液体，揮発性の液体を使用する場合は正確にとれないので注意する．

2 計量器具の材質と洗浄

- ガラス：バイオ実験ではほとんどすべての溶液で使用できる[※3]．DNAを吸着する性質がある．
- プラスチック：さまざまな材質のものがある（**表1-1**）．ポリプロピレンは半透明だが，丈夫で耐熱，耐薬品性が高く，最も一般的な材質である．クロロホルムも短時間なら使用で

表1-1 ● 各種プラスチックの性質

	ポリエチレン (PE)	ポリプロピレン (PP)	ポリカーボネート (PC)	ポリスチレン (PS)	アクリル樹脂	フッ素樹脂
外観	白色	乳白色半透明	透明	透明	透明	透明（かすかに黄）
用途	チューブ、ビーカー、試薬瓶、遠心管	チューブ、ビーカー、試薬瓶、遠心管	遠心管	シャーレ、チューブ	水槽、電気泳動槽	ビーカー
力学的強度	強	強	強※1	弱	強※2	強
<耐熱性> オートクレーブ 100℃, 10分間 90℃, 10分間	×～△ △ ○	○ ○ ○ ○ ○ ○	△ ○ ○	×× △ ○	×× × △	○○○ ○○○
<耐薬品性> 濃塩酸 30%水酸化ナトリウム クロロホルム フェノール エタノール	○ ○ △ △ △	○ ○ ○ ○ △ △○	× × ×× × ○	△ ○ ×× × △	△ × ×× × ×	○ ○ ○ ○ ○ ○ ○

○：影響なし、△：使用できるが、長期使用間で変質・変形する、×：比較的短時間で変質・変形する、××：禁忌、瞬時に変質・変形する。※1オートクレーブや凍結により強度が低下する。※2ただし弾性がなく、曲げる力に対しては弱い

きる．透明なものとして尿素樹脂があるが，高価．ビーカーやメスシリンダーに使われる．メスシリンダーなどは精度の点でほとんど問題ない．

- 洗浄：使用後すぐに水洗いし，実験用洗剤を使ってブラッシングし，水道水（5～10回），少量の純水（2～3回），少量の超純水（2～3回）の順ですすぎ，乾燥させる．分析化学実験をしない限り，ブラッシングは問題ないし，60℃で乾燥してもよい[*4]．

Point [*3]濃いアルカリはガラスを溶かすので，保存容器としては使用しない．

[*4]使用後長時間乾燥させると，汚れを落としにくい．すぐ洗浄しない場合は水を満たしておく．

参照 1）容器の材質と保存条件　214ページ

2. 濃度計算と確認

溶液の濃度はいろいろな方法で表され，また，濃度を求める方法にもいろいろある．以下にその代表的なものをあげる．

1 濃度計算

溶けているものを溶質，溶かす方は溶媒という．濃度はモル濃度，パーセント濃度が一般的．標準状態（1気圧20℃）のときの濃度を表す．

- モル（M）濃度：1モル（mol）の分子（6.02×10^{23}個：アボガドロ数）が1Lに溶けている濃度（mol/L）（M）．

- パーセント（%）濃度：容量で表す場合（v/v），重さで表す場合（w/w），溶質を重さ，溶媒を容量で表す場合（w/v）などさまざま．100mL（あるいは100g）に溶けている溶質の百分率で表現する．固体試薬は（w/v）が一般的．

- 光学濃度：物質の光吸収率が吸収極大波長で特定の値を示す

ことを利用し，吸光度（OD：opitical denncity）で表現される濃度．吸収極大波長におけるモル吸光係数（ε）をもとにし，ヌクレオチドの濃度表示としてよく用いられる．

Point ATPの259nmでのεは15,400なので，試薬瓶に1.54ODと記載されているATP全部を1mLの水に溶かすと，1.54/15400，つまり100 μ mol/mLとなる．逆にOD$_{259}$の値から濃度を決定することもできる．

2 分光光度計の使い方：手動操作の場合（図1-5）

① 電源とランプのスイッチを入れ，波長を合わせて5〜10分間安定させる．

② セル（キュベット）に溶媒（対照）を入れ，ホルダーに挿入し，フタをして吸光度の読みをゼロにする．

③ セルから溶媒を取り除き，代わりに測定試料を入れ，吸光度を読みとる．標準セルの光路長は1cmだが，幅や高さは多種多様で，液量も0.01〜5mLとさまざま．

Point 対照のODは低くする．OD＝0.1〜1.0の範囲が安定で精度も高い．紫外部測定には重水素ランプを使用し，紫外線を吸収しない石英セルを使用する．

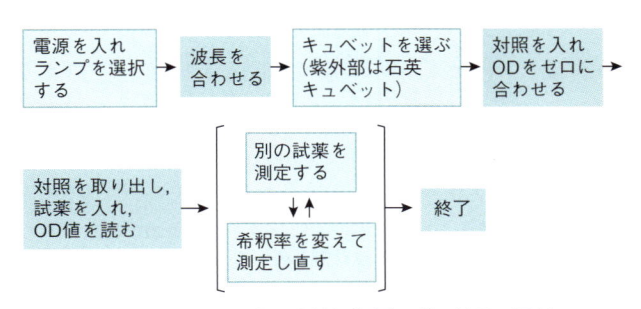

図1-5● 分光光度計の測定法（手動，単一波長の場合）

3 濃度の確認

- 屈折計：屈折率を測定し，既知の濃度－屈折率換算表から濃度を求める．ショ糖，塩化セシウムなどの溶液で使われる．
- 電導度計：電導度を測定して，換算表から濃度を求める．カラムクロマトグラフィーで溶出されたバッファーの塩濃度の測定に用いる．
- 浮きばかり：液体の比重から濃度を求める．

3. 秤量とメスアップ

規定濃度溶液の作製は実験の基盤である．試薬を目標とする濃度に正しく合わせる基本的手順を述べる．

1 天秤

- **使い方**：直視型の電子天秤が一般的．バイオ実験の場合，ほとんどが0.01g～10kgの範囲をカバーする天秤で間に合うが，微量をはかる場合には0.01mg～10gをカバーする微量天秤も必要になる．
  風袋（薬包紙，メスシリンダーなど）を乗せて，天秤の読みをゼロにし，次に試薬を乗せる．清浄な薬さじ（スパーテル）で試薬をすくいとる（**図1-6**）．

  > **Point** 天秤の感度，風袋の重さ，はかる試薬量のバランスを考慮する．風袋を軽くした方が正確に秤量できる（10gの試薬を1Lに溶かす場合，1Lメスシリンダーに直接試薬をはかりとってよいが，10mgなどという微量の場合は微量天秤で薬包紙にはかりとる）．

- **簡便な秤量法**：器具洗浄の手間を省き汚染を最小限にするため，比重がほぼ1の希薄な液体を一定量ビーカーに入れるときは，天秤上で直接加えてよい．
  液体試薬も，比重を考慮すれば同様に行える．0.1％程度の薄

第1章-3. 秤量とメスアップ　209

スイッチを入れる　→　風袋を乗せ，ゼロ合わせをする　→

→　試薬をはかり入れる　→　スイッチを切る

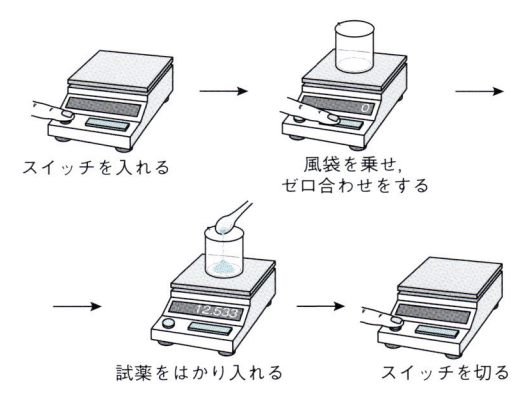

図1-6●天秤の使い方

　い溶液は，溶質添加で液量がほとんど変化しないので，瓶に試薬と溶媒を直接加えてもよい．

注意 天秤内部のアーム保護のため，使用していないときはスイッチを切る．

2 メスアップ

　液量を一定量にあわせること．**図1-7**のように液界面の下で目盛りをあわせる．

- **計量器**：バイオ実験での液料合わせは，メスシリンダーで十分．

  Point メスシリンダーに刻まれている目盛りは，メスフラスコとは違い，注ぎ出る液量を示す．

- **規定濃度水溶液の一般的つくり方**（**図1-8**）

  ❶規定量の試薬を，液量が超過しないように少なめの水の入っている容器に，スターラーで撹拌しながら加える．

  ❷溶けたら回転子を磁石で固定し，内容物をメスシリンダーに移す．

メスアップの最終段階の液の加え方

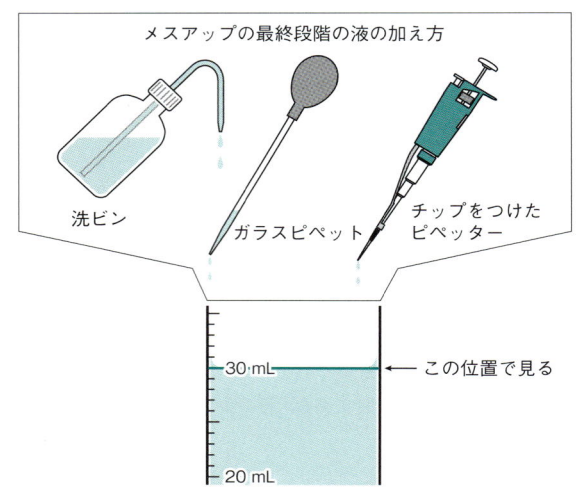

洗ビン / ガラスピペット / チップをつけたピペッター

30 mL ← この位置で見る
20 mL

図1-7● 30mLにメスアップする方法

❸水でビーカーを洗いそれをメスシリンダーに移すという共洗いの作業を2〜3回行う.
❹メスアップ後メスシリンダー全体を撹拌し,内容物を保存容器に入れる.

4. 試薬と水のグレード

バイオ実験や化学実験では,試薬や溶液の純度を一定以上に保たなくてはならない.以下に,試薬や水の純度について説明する.

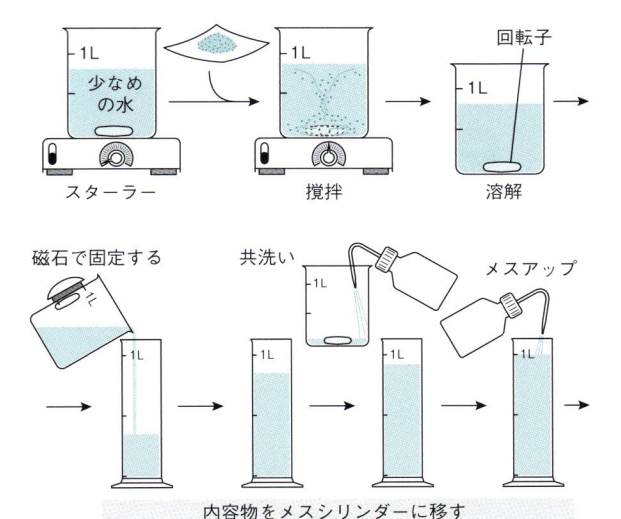

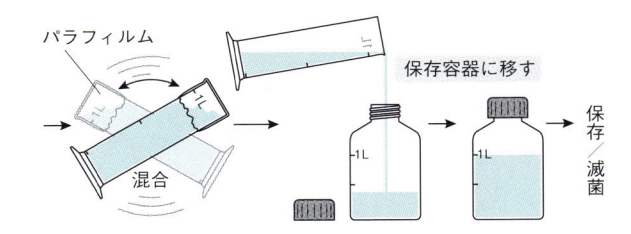

図1-8●規定濃度溶液作製法（1Lにする場合）

1 試薬

　試薬はJIS規格特級の試薬を標準とする．ただ，どの試薬も微量の不純物を含むので，高濃度で使用する試薬の純度には特に注意を払う（生化学実験での硫酸アンモニウム，グリセロー

ルなど).特定の実験に対しては,特に注意してつくられた試薬を使うことが推奨される(分子生物学用試薬,組織培養用試薬,電気泳動用試薬など).外国メーカーからも多くの特製試薬が販売されている.

2 水

水道水を活性炭とイオン交換樹脂に通した精製水,それを1回蒸留した純水,さらにそれをもう一度蒸留した超純水に区別される.

Point 現在では複数のカラムと逆浸透膜を組合わせて簡単に超純水が得られる.ミリポア社のRO膜でつくられるRO水は純水に,Milli-QシステムでつくられるElix水は超純水に相当する(**表1-2**).

表1-2●バイオ実験に使われる水とその使用例

水道水	予備すすぎと洗剤による洗浄,オートクレーブタンク内の水*
純水(RO水)	器具のすすぎ,大腸菌の培養,電気泳動用バッファー(実験によってはElix水)
超純水(Elix水)	試薬の調製,最終のすすぎ,酵素反応,生化学的/分子生物学的解析実験,組織培養

*空焚き防止のため,センサー端子の間にある水によってセンサー電流を感知している.純水だと電気が流れないので作動しない

5. pHとバッファー

実験では反応を効率的に進め,分子や細胞の安定性を維持するため,pHを一定にすることが必須である.pHとpH緩衝液(バッファー)について解説する.

1 pH

水素イオン濃度の指標.pHメーターによって求められる.水は部分的に$H_2O \rightleftharpoons [H^+]+[OH^-]$のように電離し,各イオン濃度は常温で$1\times 10^{-7}$M,その積は$1\times 10^{-14}$Mと一定である.純粋な水はpH=7.0,それより低い(水素イオンが濃い)場合を酸性,高い場合をアルカリ性(あるいは塩基性)という.

以前,pHは水素イオン濃度の逆数の常用対数値(例:1×10^{-4}MではpH=4.0)として定義されていた.しかし,実際には理想値のpH測定は不可能なので,pH標準液をもとに以下の式で求めることになっている.

> pH[X] − pH[S] = (Ex − Es)/2.303・RK/F
> pH[X]:試料のpH,pH[S]:標準液のpH,Ex:試料の起電力,Es:標準液の起電力,R:気体定数,K:絶対温度

2 水溶液のpH

塩溶液の溶質の分子式から溶液のpHを推定できる.おおむね強酸と弱アルカリ(あるいは金属)の塩(例:硫酸アンモニウム)は酸性を示し,弱酸と強アルカリの塩(例:酢酸ナトリウム)はアルカリ性を示す.核酸やヌクレオチドは酸性を示すが,アミノ酸は酸性〜塩基性と多様である.非電解質である糖類や脂質はほとんどpHを変化させない.

3 pHメーター

pH電極は薄いガラスでできており,ガラス電極と対照電極(銀-塩化銀電極)を組込んだ複合電極となっている[※1].

取扱い法にしたがい,20℃の標準状態で中性標準液(pH=6.88)と酸性標準液(pH=4.00)でpHの読みを校正してから(pH勾配を決めること),試料のpHを測定する.通常この補正で大部分のpH値をカバーできる[※2].

注意 [※1] 壊れやすいので注意して扱う.

[※2] pH=10以上の強アルカリ性溶液のpHを測定する場

合はアルカリ性標準液を用いることもある（標準液が酸性側に変化しやすいので注意が必要）．

Point 測定時は電極液注入口のカバーを開ける．

温度が標準状態からずれている場合は，校正値を標準液添付の補正表をもとに補正する．

液が撹拌されているとpHの読みが変わることがあり，同じ条件で測定する．

pH調整中に温度が上昇する場合は，室温に戻してからpHを合わせる．

4 バッファー（緩衝液）

完全に電離しない酸性物質（酢酸など）や塩基性物質（トリス塩基など）は周囲の水素イオン濃度の変化に対応して自身の電離状態が変化し，結果，pH変化を抑えるように作用する．緩衝作用のある物質に酸や塩基を混合し，あらかじめpHを固定して用いる．単純な化合物から生理的環境に近い物質（例：Goodバッファー）まで種々のものがある[1]．

Point 通常は10〜100mMの濃度で使用する．

参照 1) おもなバッファーの適用pH範囲　259ページ

6. 容器の材質と保存条件

実験に使用される器具の材質にはさまざまなものがあり，それぞれの特徴を生かして使用する[1]．試薬を保存する場合にも，試薬と容器，双方の安定性を考慮しなくてはならない．

1 材質の選定

一般的にはガラス製のものを使う．

注意 例外的に使わないもの（フッ化水素など）や避けた方が

よいもの（DNA，強アルカリ，濃塩酸など）がある．

清浄で滅菌されたプラスチック容器も，保存に便利なので，よく使われる．プラスチックは材質によって使えないものもあるので，**表1-1**を参考にして材質を決める．保存容器は密栓できる丈夫なガラス製ネジフタつき瓶を基本とする．

2 保存容器の強度と安全性

実験の安全性を確保するため，オートクレーブなど力学的圧力が加わるときには以下のことに注意する．

- 揮発を防いだり汚染を厳密に防止する目的で，密栓してオートクレーブする場合は，容器の強度が重要である．強度が求められる場合は，ホウ硅酸ガラス製の肉厚ねじ口瓶を使用する．なお，どのメーカーも密栓オートクレーブを推奨してはいないが，デュラン瓶は十分使用できる．
- 密栓してオートクレーブする場合は500〜1,000 mL以下の瓶を使用するようにし，規定量以上は入れない．
- 瓶が大きく，液量が大きくなると破損率が高くなる．
- 揮発やオートクレーブタンク内成分の混入をそれほど気にしない場合は，フタをゆるめてオートクレーブしてもよい．その場合，通常の強度のガラス瓶でも使用できる．

注意 プラスチック瓶は密栓してオートクレーブすることができない．

3 保存条件

試薬はそれぞれの特性や安定性に留意し，以下の規準で保存する．

- 試薬を遮光する必要がある場合は（例：アクリルアミドモノマー），褐色瓶を使用するか，アルミホイルを瓶に巻きつけるかして，暗所に保管する．
- 試薬は雑菌の繁殖防止と安定性を少しでも確実にするため，冷蔵保存することが多い（ただ，注意深く保管してあれば，

必ずしも必須ではない).

- 強酸,強アルカリ,不活性な有機溶媒,界面活性剤などは室温で保存する.
- 生体高分子物質(タンパク質,核酸),生体高分子反応に関連する物質(各種阻害剤,抗生物質,生理活性物質,DTTなど),酵素反応液,特に安定性に留意する試薬や溶液は冷凍(−20℃)保存する.
- 酵素は不安定なので,霜取機能のない冷凍庫で保存する.
- 特に安定性に留意するもののうち,凍らせてかまわないものは超低温槽(−80℃)か,場合によっては液体窒素中で保存する.
- 低温でしか使わない試薬(硫酸アンモニウム,エタノールなど)は,利便性の観点から,低温保存する.

> **注意** 凍結融解で不安定化する酵素商品にはグリセロールが20%含まれており,冷凍庫(−20℃)でも凍らないようにしてある.超低温槽では凍るので注意.

参照 1) 計量器具 202ページ

7. 器具と試薬の滅菌

バイオ実験では器具や作製した試薬を滅菌してから使用する場合が多く,実験によっては滅菌は必須である.以下にその具体的な方法を紹介する.

1 瓶の滅菌

空瓶はフタをゆるめてオートクレーブする.180℃で乾熱滅菌する場合は赤フタのデュラン瓶を使用する.

2 溶液の滅菌

雑菌が増殖する可能性のないものは通常滅菌しない．滅菌が不要なものとして①強酸，強アルカリ，②界面活性剤やタンパク質変性試薬，③有機溶媒，④腐食性試薬など．

試薬の滅菌は**表1-3**の2種類のいずれかで行う．

3 滅菌が必ずしも必要でないもの

滅菌が必要かどうかは実験の種類により異なる．

- 培養実験（細菌，細胞）ではほぼ例外なく滅菌が必要．
- タンパク質実験はおおむね滅菌しなくとも問題ない．
- DNA実験も長期保存試薬だけ滅菌しておけば，あとは普通の操作をしても問題ない（TEバッファーに溶けている1kb程度のDNAを数日間フタを開けたまま放置しても，通常問題ない）．
- RNA実験は雑菌混入阻止よりも，RNase失活という意味でオートクレーブは意味がある（ただし，長めに行う）．

表1-3 ●器具，溶液の滅菌の種類

A：オートクレーブ	
適用	水，一般の塩溶液，バッファー（液量の多い場合に有効）
操作	121℃，20分〜40分間
B：フィルター滅菌	
適用	少量の水溶液，熱に不安定な物質，生体分子，有機溶媒，揮発性物質
材質	ナイロン，PVDF，セルロースアセテート，ポリプロピレン，フッ素樹脂（溶媒の種類，溶質吸着性により使いわける）
孔（ポア）サイズ	0.45〜0.8 μm：微粒子除去用 0.2〜0.22 μm：滅菌用
大きさ	少量（0.2〜100mL）用：直径5〜25mm　シリンジに装着して使用する． 大量（150〜1,000mL）用：直径50〜75cm　組織培養用フィルターユニット．減圧装置と組合わせ，濾液を滅菌瓶にとる．クリーンベンチ内で使用する．

1. 核酸の保存と安定性

核酸は種類によらず一定の性質がある．核酸を不安定にする要因をふまえたうえで，それらを安定に取り扱うための，普遍的で基本的な注意を述べる．

1 DNA

- 温度：冷蔵庫で保存できるが，長期保存する場合は－20℃が一般的．ただし，凍結融解により，高分子DNAは切断される可能性がある．
- pH：微アルカリ性（pH=8.0）で安定である．酸性にすると脱プリン反応が起こって切断される．強いアルカリでは加水分解される．
- 分解酵素阻害：ほとんどのDNaseは二価金属イオンが活性化因子なので，保存・溶解液にはEDTA[1]やクエン酸[2]などのキレート試薬を加える．
- 塩濃度：核酸は一価のカチオン（Na^+，K^+など）で安定化するが，後の操作での使いやすさを考慮して塩は加えないか，少量（10～200mM）にとどめる．
- 器具：ガラスに付着するので，プラスチック器具を使用する．
- 扱い：数kb以下のものであればピペット操作などで切断されることはない．高分子ほど切断されやすい．

2 RNA

- 温度，塩濃度：DNAと同様．
- pH：微酸性（pH=5.0～6.0）で安定．アルカリ性で切断される．
- 扱い：ピペット操作などで切断されることは少ないが，ラジカルで一部切断される．－80℃，あるいは50％エタノール（pH=6.0）で－20℃保存する（凍らない）のがもっとも安定とされる．

参照 1）EDTA　40ページ
　　 2）クエン酸ナトリウムバッファー　39ページ

2. 核酸の沈殿・濃縮

核酸の沈殿・濃縮は遺伝子工学実験の基本的手技の1つである．以下にDNAのエタノール沈殿法の一般的方法について説明する．

1 塩濃度

　核酸の水和状態を下げ，二本鎖を安定化させるため，一価の陽イオンを加える．DNA用（pH=8.0）とRNA用（pH=5.0〜6.0）でpHを変える．

試薬例（最終濃度）

　塩化ナトリウム（0.1M）[1]，酢酸ナトリウム（0.3M）[2]，
　塩化リチウム（0.1M），酢酸アンモニウム（0.5〜2.0M）[3]

2 沈殿剤

　次のいずれかを採用するが，エタノールが一般的．液量が多い場合にはイソプロパノールやPEGが適している[※1]．

試薬（使用量）

　エタノール（2〜2.5倍量），イソプロパノール（0.7〜1.0倍量），PEG溶液（等量）[4]

Point [※1]核酸と水との水和を阻害し，核酸の溶解度を下げる．PEG（ポリエチレングリコール）も類似の作用をもつ．

　沈殿剤を加えたあと，沈殿を熟成させるために冷やす．エタノールの場合0℃〜-80℃で15〜30分．沈殿は遠心分離で回収するが，条件は沈殿量により異なる．

実施例

3,000rpm，10分 〜 15,000rpm，20分
（超遠心機で回収することもある）

3 後処理

沈殿後上清を除き，70％エタノール[5]で沈殿を洗い，再度遠心分離する．沈殿を乾燥させ（自然乾燥〜減圧状態で10〜30分），適当な溶液に溶かす．（**図2-1**）

> **注意** 沈殿量が非常に多い場合は，自然状態で少し放置し（エタノール分だけを自然に蒸発させる），すぐに溶解液を加える．そうしないと沈殿がゲル化し，逆に溶けにくくなる．

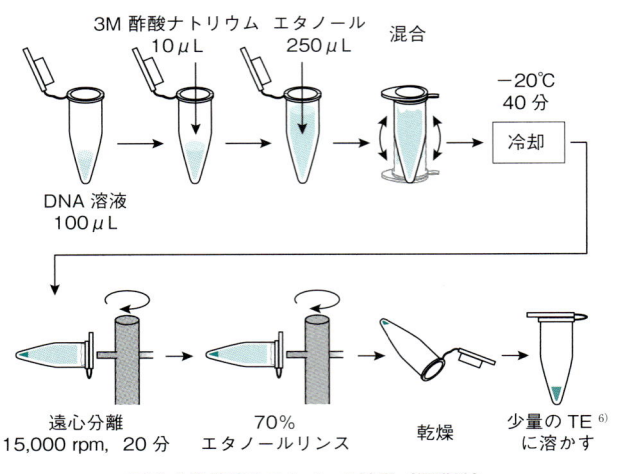

図2-1 ● 核酸のエタノール沈殿（標準法）

参照 1）塩化ナトリウム　21ページ
　　　 2）酢酸ナトリウム　25ページ

3) 酢酸アンモニウム　29ページ
4) DNA沈殿用PEG　68ページ
5) 70%エタノール　66ページ
6) TE　50ページ

3. 分光光度計による核酸の定量

DNAやRNAの濃度は，通常，分光光度計を用いて測定される[1]．一般的な構造であれば以下の式で，核酸濃度を普遍的に求めることができる．

核酸の濃度は分光光度計を用い，260nm（紫外部）の光の吸収で測定する．核酸濃度の次の値から求められる（あくまでも平均値）．

DNA 1 μg/mL	$OD_{260}=0.02$
RNA 1 μg/mL	$OD_{260}=0.025$
オリゴヌクレオチド	$OD_{260}=0.03$

正確には

$$\text{オリゴヌクレオチドの濃度（pmole/}\mu\text{L）} = OD_{260} \times \frac{100}{1.5N_A + 0.71N_C + 1.2N_G + 0.8N_T}$$

（Nは各ヌクレオチドの個数）

注意 純粋な核酸のOD_{260}/OD_{280}の比は1.8〜2.0．これより小さい場合はタンパク質の混入を疑う．

参照 1) 濃度計算と確認　206ページ

4. DNAの断片化

DNAは線維状の巨大分子であり，そのままでは扱いにくく，また正しい結果が得られないこともある．以下にDNAを適当な長さに切断する方法を述べる．

DNAをキャリアなどとして用いる場合は，扱いやすく，またDNAのサイズをそろえて反応を標準化する目的でDNAを切断（シアリング）する．主に次のような方法がある．（図2-2）

・シリンジ（注射針）を用いる：細いシリンジ（G25）をつけた注射器で，DNA溶液を10回出し入れする．

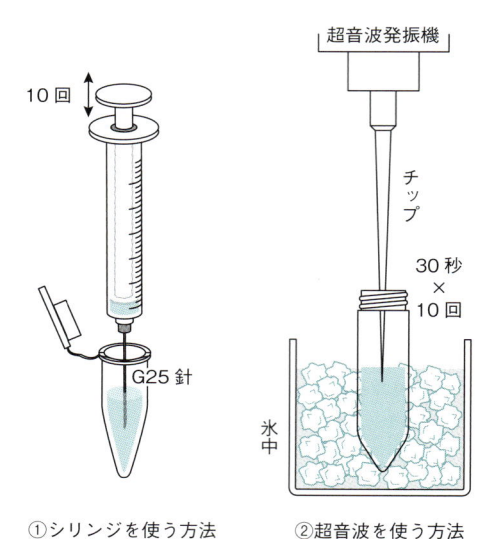

①シリンジを使う方法　　②超音波を使う方法

図2-2●DNAのシアリング（細断化）法

- 超音波発振機を用いる：発振機のチップの先端を液に少し入れ，5分間（30秒で10回）処理する．出力の程度は液量や容器，チップの構造などで異なる．水を用いて出力を調整（チューニング．「シャー」という音が大きく聞こえるところ）し，その後サンプルを処理する．熱が出るので，サンプルは氷中に浸し，チップもそのつど冷やす．

注意 チップは消耗しやすく，空打ち（空気中で運転すること）しないこと．泡の発生もできるだけ最小限にする．

- 酸による方法：酸（0.25N塩酸[1]）で30分ほど処理するとDNAのプリン塩基が部分的に外れ（depurination），同時にDNAが切断されやすくなる．反応後は中和する．

Point サザンブロッティング[2]で，メンブレンへのDNA転写効率を上げるために行われる．

参照 1）塩酸　16ページ
2）サザンブロッティング溶液　93ページ

5. RNA実験のポイント

RNAは細胞内にあっても細胞から取り出しても壊れやすく，その取り扱いには特別な配慮が要求される．以下にRNA実験で注意すべき要点を示した．

　RNA実験最大の注意は「RNAが分解しないようにすること」である．RNAは酵素的，物理化学的に切断されやすく，以下の点に留意して操作する．

1 細胞からのRNA抽出

- 用意した細胞や組織を手早く処理してRNA抽出する．
- できるだけ冷やす．生体材料の保存は液体窒素中で行う．

- 重金属イオンが働かないようにする.
- 細胞をなるべく早くタンパク質変性剤（SDS[1]，水飽和フェノール[2]，グアニジンチオシアネート（GTC））に曝露させる.
- RNAとタンパク質とを早めに分離する.

2 二次的RNase汚染の防止

- 実験器具は清浄で滅菌されたものを使用する.
- 試薬はすべて長めにオートクレーブし，水もDEPC[3]処理する.
- 手袋やマスクを着用し，体液，粉じん，細菌類の混入を防ぐ.

3 物理化学的安定性の維持

- 少しだけ微酸性（pH=5.0～6.0）の環境にする.
- 水溶液は通常凍結保存（−20℃～液体窒素）するが，エタノール沈殿や，50％エタノール（−20℃）でのミセル状態だと，より安定に保存できる.

参照 1) SDS　44ページ
2) 水飽和フェノール　60ページ
3) DEPC水　53ページ

1. DNAの変性とTm

DNA構造解析をDNA鎖の状態で行う場合，DNAは変性させて一本鎖にする必要がある．以下に変性操作について述べる．

■ DNAの変性法

DNAのハイブリダイゼーションや変性ゲル電気泳動，あるいは一本鎖DNAを調製する場合などでは，DNAを変性 (denaturation) させる必要がある．主に以下のような方法がある．

- 変性操作のなかでは，加熱が最も一般的（図3-1）．
  1. DNAの入った容器を密栓して沸騰水中で10分間保温する．
  2. その後氷水中で急冷する．

  Point 活性化DNAの調製，ハイブリダイゼーションプローブの処理で行われる．

- DNAを6M尿素[1]と混合する方法もある．
- ホルムアミド処理 (80%ホルムアミド中で95℃, 5分間加熱) は変性ゲルで電気泳動する場合のサンプル処理に用いられる．
- この他DMSO (dimetylsulfoxide) やアルカリで処理する方法もある．

参照 1) 尿素 122ページ

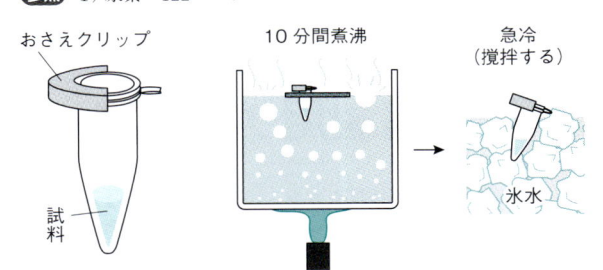

図3-1 ● 核酸の加熱による変性

2 Tm とは

Tm (melting temperature) は核酸の変性温度 (あるいはハイブリダイズする温度) の指標になるもので, 核酸が50％変性する温度を示す.

Point Tm の高い DNA ほど変性しにくい.

　　　　Tm は GC 含量が高いほど, 一価陽イオン濃度が高いほど, また核酸の長さが長いほど高い.

Tm 値は以下の式で求められる.

$$Tm = 81.5 + 16.6(\log_{10}M) + 0.41(\%\,GC) - (500/n)$$
　M：一価陽イオン濃度 (モル数)
　　※トリス塩基は濃度を 0.66 倍として計算する.
　n：ハイブリダイズする部分の塩基数

ただし, 以下の式でも近似できる.

$$Tm = 4(GC\,塩基数) + 2(AT\,塩基数) + 35 - 2n$$

ハイブリダイゼーションは Tm より約25℃低い温度で行うのが一般的.

Point ホルムアミド1％は Tm を 0.66℃下げる効果がある. 天然 DNA は Tm が 80〜85℃のため, ハイブリダイゼーションは 55〜60℃で行われるが, ホルムアミドを 50％加えると Tm が 33℃下がり, 室温で操作できる.

2. 核酸精製用ゲル濾過

DNA の精製には電気的性質やガラスに吸着する性質を利用する多くの方法がある. 以下で, 分子の大きさで DNA を精製するゲル濾過法を説明する.

ゲル濾過法とは,カラムに充填した担体に試材を通すことで,DNAなどの高分子と,ヌクレオチド,塩,バッファー成分などの低分子を分ける方法の1つ.

担体にはセファデックスG25かG50(GEヘルスサイエンス社)のファインかスーパーファイングレードか,相当品を使う.可能ならば非特異的吸着の少ない,核酸グレードを用いる.

・ゲル濾過法の手順

❶ 試薬瓶に入ったTE[1] 100mLに,5g(G50)〜10g(G25)の乾燥ゲル粉末を入れ,撹拌後オートクレーブでゲルを膨潤させる.

❷ ミニカラムに❶で調製したゲル懸濁液を注ぎ,1〜2mLのカラムを作製してTE 2mLで3〜5回カラムを洗浄する.

❸ カラム上部に少量の試料を乗せ,0.2mLずつ分割しながらTEを加えてDNAをカラムから溶出させる.濾液をそのつどマイクロチューブに集める.

❹ 分光光度計(260nm)で濃度を測定し,ピーク部分を集める.DNAはカラムの間隙容積(void volume)の位置で溶出されるが,低分子物質はその2〜2.5倍の容積のところに溶出される.

Point 一本鎖DNAも同様に行えるが,非特異的吸着を阻止するため,塩化ナトリウムを0.01〜0.05M加える.

参照 1) TE 50ページ

3. 透析

透析は高分子試料から低分子を除く一般的な方法の1つである.DNA操作で透析を利用する場合,透析チューブは前処理をしたものを使用しなくてはならない.

ゲル濾過とともに,高分子物質と低分子物質を除く一般的方

法．時間がかかるが，低分子成分がおよそ除ければよい場合や，大量の試料の処理に向いている．

1 透析チューブの前処理

透析チューブはニトロセルロース製の半透膜．乾燥状態の製品には不純物として有害なイオウ化合物や金属などが含まれているため，以下のような前処理をする（図3-2）．

❶ 透析チューブを適当な長さに切り，1mM EDTA[1]と2％炭酸水素ナトリウム[2]（重曹）で10分間煮沸する．

❷ 液を捨て，1mM EDTAでさらに1〜2回煮沸する（イオウ臭が消え，チューブが透明になる）．

❸ よく水洗した後，0.1×TE[3]中でオートクレーブし，冷蔵庫で保存する．保存時，等量のエタノールを加えてもよい．

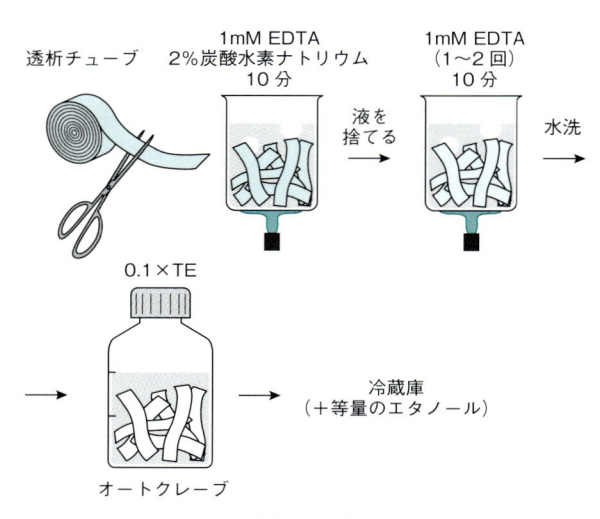

図3-2●透析チューブの前処理

Point 前処理済みの製品もある．

注意 一本鎖DNAは透析チューブに吸着するので使用できない．

2 透析

透析は，外液を撹拌しながら100倍の透析外液に対して4時間以上行うが，低分子物質の濃度を十分に下げるためには，外液を数回交換する必要がある．

参照 1) EDTA　40ページ
2) 炭酸水素ナトリウム　173ページ
3) TE　50ページ

1. タンパク質定量法

タンパク質の濃度測定にはいろいろな方法があり，目的にあったものを用いる．以下によく使用される定量法をあげる．

1 乾燥重量法
- 原理：純化された乾燥試料を天秤で秤量する．
- 長所／短所：正確だが手間がかかる．試料を十分乾燥させる必要がある．
- 測定範囲：天秤の感度による．
- 妨害物質：揮発性物質，吸水性物質．

2 ビウレット (Biuret) 法
- 原理：Cu^{2+}がアルカリ中でペプチドと錯体を形成し呈色する（540nmで測定）．
- 長所／短所：操作が簡単で安定だが，感度が悪い．
- 測定範囲：$40 \sim 200 \mu g$．
- 妨害物質：トリス塩基やアンモニウム塩など．

3 ローリー (Lowry) 法
- 原理：ビウレット反応を芳香族アミノ酸とフェノール試薬の反応に応用したもの（770nmで測定）．
- 長所／短所：感度が高いが妨害するものも多い．
- 測定範囲：$5 \sim 100 \mu g$．
- 妨害物質：チオール類，フェノール類，グリセロール，キレート剤，トリス塩基，界面活性剤など．

4 ビシンコニン酸（Bicinchoninate）法（BCA法）

- 原理：Cu^{2+} がアルカリ中でペプチド結合やトリプトファン，チロシン，システインにより還元されてできる Cu^{1+} を比色定量する（562nmで測定）.
- 長所/短所：感度もよく，ローリー法に比べて妨害物質も少ない.
- 測定範囲：$2 \sim 25 \mu g$.
- 妨害物質：チオール，グルコース，硫酸アンモニウム，リン脂質など.

5 クーマシーブルーG法（Bradford法）

- 原理：色素（クーマシーブリリアントブルーG250）とタンパク質との結合による吸収スペクトルの変化を利用（595nmで測定）.
- 長所/短所：操作が簡単で感度もよく，妨害物質も少ないが，タンパク質による発色の差が大きい.
- 測定範囲：$0.3 \sim 5 \mu g$.
- 妨害物質：界面活性剤.

6 紫外部吸収法（UV法）

- 原理：ペプチド結合や芳香族アミノ酸の紫外部吸収から濃度を求める.
- 長所/短所：安定かつ操作が簡単で，分光光度計のキュベットから試料を回収することができる．280nmではタンパク質による差が大きく，核酸の影響が大きい．205nmは感度はよいが，妨害物質による影響も大きい．230nmは感度は悪いが，核酸の影響が少ない.
- 測定範囲：$5 \sim 1,000 \mu g$.
- 妨害物質：すべての紫外線吸収物質.

Point 乾燥重量法以外は，BSAやカゼインなど，標準的タン

パク質を用いて測定した値を基に濃度を求める.
紫外部吸収法では，230nmと260nmの紫外部吸収値から，以下の式でタンパク質濃度を概算できる.

$$\text{タンパク質濃度}（\mu\text{g/mL}) = 187 \times A_{230} - 81.7 \times A_{260}$$

2. タンパク質の精製法

タンパク質には固有の物理化学的性質や安定性があり，画一的な精製法がない．精製法の特徴も考慮し，それぞれの材料の特性に応じた操作法を以下のなかから選択する．

タンパク質は以下のように，さまざまな方法で精製することができる．沈殿と膜分画は粗精製あるいは濃縮といった意味合いが強い（かっこ内の語句は代表的方法や材料を示す）．

1 沈殿

タンパク質の溶解度が，pHや塩濃度，あるいは共存する物質により変化する性質を利用する．

- 塩析（硫安分画）
- 有機溶媒沈殿（アセトン，エタノール[1]）
- 水溶性高分子（PEG[2]，PEI）
- pH処理（酸）

2 膜分画

タンパク質が高分子で一定の分子量をもつことを利用する．

- 限外濾過（濾過膜，透析膜）

3 電気泳動

タンパク質の電荷状態や分子量の大きさにより分離する.
- SDS-PAGE
- 等電点電気泳動
- 二次元電気泳動

4 遠心分離

タンパク質が固有の沈降係数（S値）をもつことを利用する.
- 超遠心分画（密度勾配遠心分離）

5 クロマトグラフィー

タンパク質の電気的性質，大きさ，水や有機溶媒に対する溶解度の違い，特定の元素や化合物，あるいは高分子物質に対する結合性を利用する.

1）担体の性質による分類
- イオン交換クロマトグラフィー
    陰イオン交換体（DEAE，QAE）
    陽イオン交換体（CM，SP，リン酸）
- ゲル濾過クロマトグラフィー
    （セファデックス，スーパーデックス：いずれもGEヘルスケア社）
- アフィニティークロマトグラフィー
    吸着クロマトグラフィー
        （各種色素，ヒドロキシアパタイト）
    群特異的アフィニティークロマトグラフィー
        （ヘパリン，ニッケル，レクチン）
    特異的アフィニティークロマトグラフィー
        （特異抗体，特異DNA）

- 疎水クロマトグラフィー/逆層クロマトグラフィー
 (フェニル基,ペンチル基)

2) 操作性による分類

- 低圧クロマトグラフィー
- 高圧クロマトグラフィー (HPLC, FPLC)

参照 1) 70%エタノール 66ページ
2) DNA沈殿用PEG 68ページ

3. 濃縮法

濃縮操作はタンパク質実験の重要なポイントである．活性と回収率に注意し，以下に述べる方法のなかから適切な方法を選ぶ．

タンパク質は以下の方法で濃縮できる．低分子物質を中心とするバッファー成分も濃縮されるので，後の操作で低分子を除く必要がある．

1 沈殿[1]

タンパク質を沈殿させた後，適当なバッファーに溶かす．

2 クロマトグラフィー[1]

タンパク質をカラム担体に結合させた後，少量のバッファーで溶出する．

3 限外濾過

水や低分子だけを膜の外に出す．加圧，吸引，遠心力などの力をかける．非特異的吸着で回収率が落ちることがある．

4 脱水

透析チューブに入れた試料を高浸透圧バッファーで透析するか,セファデックス G-200(GE ヘルスケア社)のような不活性な吸水剤で覆う.

注意 透析膜への吸着に注意する.

5 凍結乾燥

凍結乾燥で水分を除く.不安定な試料に向いている.試料をほぼ 100 % 回収できる.

参照 1)タンパク質の精製法　232 ページ

1. 分子量マーカーとその分離パターン

核酸やタンパク質を大きさにしたがってゲル電気泳動する場合，分子量既知のマーカーを同時に泳動し，それらの位置から目的バンドの分子量を推定する．以下にDNAとタンパク質のサイズマーカーの一例と，その典型的分離パターンを示す．

1 アガロースゲルによるDNAの分離

マーカー作製に使われる標準的なファージやプラスミドDNAを各種制限酵素で分解した断片は，0.7％アガロースでは**図5-1**のようなパターンで分離される．

Point サイズが一定間隔で分布する合成DNAも用いられる．

2 ポリアクリルアミドゲルによるDNAの分離

pBR322 DNAの*Hae* III，*Msp* I 分解物は，10％ポリアクリルアミドゲルでは**図5-2**のようなパターンで分離される．

Point サイズが一定間隔で分布する合成DNAも用いられる．

3 SDS-PAGEによるタンパク質の分離

各濃度のポリアクリルアミドゲルで，タンパク質は**図5-3**のように分離される．

2. ゲルからの試料の抽出

実験によっては分離したDNAやタンパク質をゲルから抽出・回収し，後の実験に用いる必要が生ずる．代表的な抽出法を以下に紹介する．

第5章 -2. ゲルからの試料の抽出

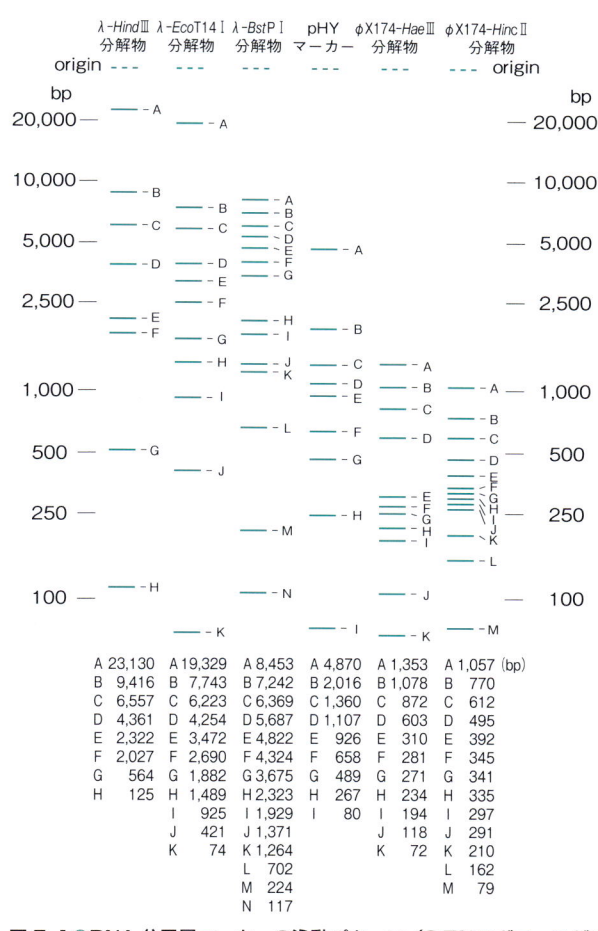

	λ-HindⅢ 分解物	λ-EcoT14Ⅰ 分解物	λ-BstPⅠ 分解物	pHY マーカー	φX174-HaeⅢ 分解物	φX174-HincⅡ 分解物
A	23,130	19,329	8,453	4,870	1,353	1,057 (bp)
B	9,416	7,743	7,242	2,016	1,078	770
C	6,557	6,223	6,369	1,360	872	612
D	4,361	4,254	5,687	1,107	603	495
E	2,322	3,472	4,822	926	310	392
F	2,027	2,690	4,324	658	281	345
G	564	1,882	3,675	489	271	341
H	125	1,489	2,323	267	234	335
I		925	1,929	80	194	297
J		421	1,371		118	291
K		74	1,264		72	210
L			702			162
M			224			79
N			117			

図 5-1 ● DNA 分子量マーカーの泳動パターン（0.7%アガロースゲル）

λ：ラムダファージ DNA. pHY マーカー：pHY300PLK プラスミドの HindⅢ分解物と HaeⅢ分解物，および pHY300PLK ダイマープラスミドの HaeⅢ分解物を混合したもの. φX174：φX174 ファージ複製中間体 DNA. 検出しようとする DNA 断片のサイズがわかるようなマーカーを選択して用いる

第5章-2. ゲルからの試料の抽出

pBR322-HaeⅢ 分解物

	bp		
A	587	A	600
B	540	B	
C	502	C	
D	458	D	
E	434	E	400
F	267		
G	234	F	
H	213	G	
I	192	H	200
J	184	I	
K	124	J	
L	123	K	
M	104	L	100
N	89	M	
O	80	N	
P	64	O	
Q	57	P	
R	51	Q	50
S	21	R	
T	18	S	20
U	11	T	
V	8		

pBR322-MspⅠ 分解物

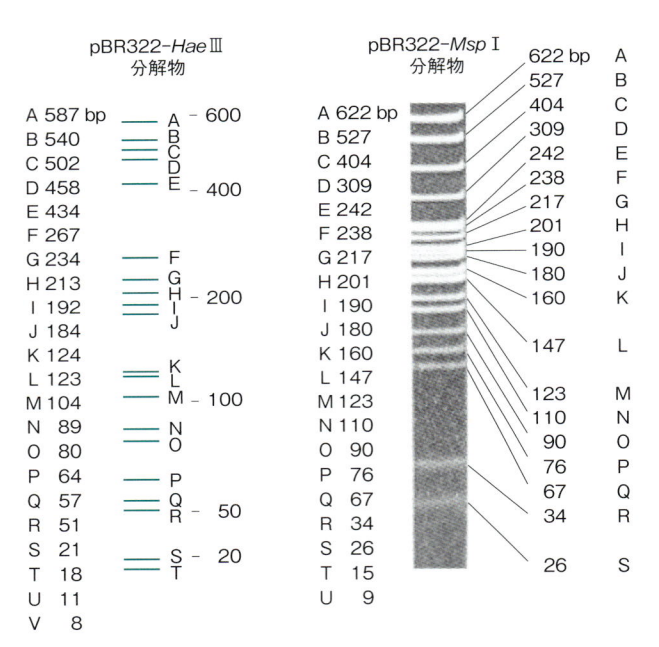

	bp		bp	
A	622		622	A
B	527		527	B
C	404		404	C
D	309		309	D
E	242		242	E
F	238		238	F
G	217		217	G
H	201		201	H
I	190		190	I
J	180		180	J
K	160		160	K
L	147		147	L
M	123		123	M
N	110		110	N
O	90		90	O
P	76		76	P
Q	67		67	Q
R	34		34	R
S	26		26	S
T	15			
U	9			

図 5-2● DNA 分子量マーカーの泳動パターン（10％ポリアクリルアミドゲル）

1 DNA をアガロースゲルから

- 亜硫酸ナトリウムで飽和させた6Mヨウ化ナトリウムでゲルを溶解し，ガラスビーズやシリカ膜に吸着させる．

  Point GENECLEAN（MP-Biomedicals社）やQIAquick Gel Extraction Kit（Qiagen社）も類似の原理．

- 低融点アガロースを溶かし，DNAを抽出／精製する．
- 泳動中にDEAEペーパー（Whatman社，DE81）に吸着させる（**図5-4**）．

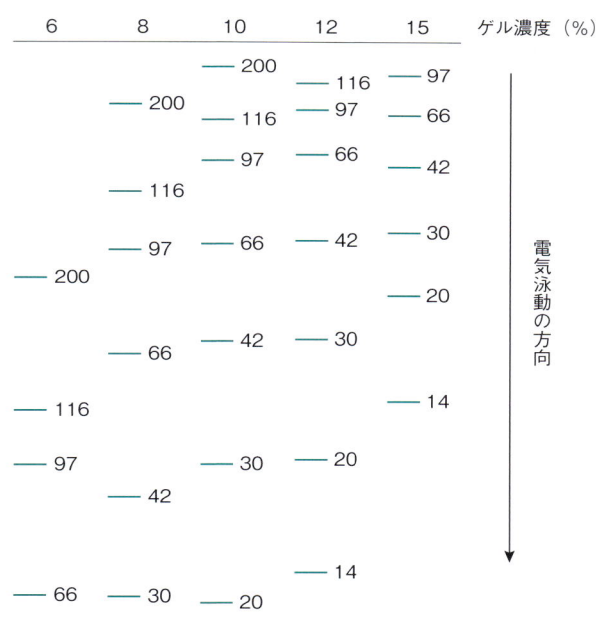

図 5-3 ● SDS-PAGE 中でのマーカータンパク質の移動パターン

ゲル濃度（％）: 6, 8, 10, 12, 15

電気泳動の方向

数字はタンパク質の大きさ（kDa）を表す．
各タンパク質は，
- 200（kDa） ミオシン
- 116 β-ガラクトシダーゼ
- 97 ホスホリラーゼb
- 66 BSA
- 42 アルドラーゼ
- 30 カーボニックアンヒドラーゼ
- 20 トリプシンインヒビター
- 14 リゾチーム

・電気的に溶出する（高塩濃度バッファー中に溶出．あるいは透析チューブを使う）（**図5-5**）．

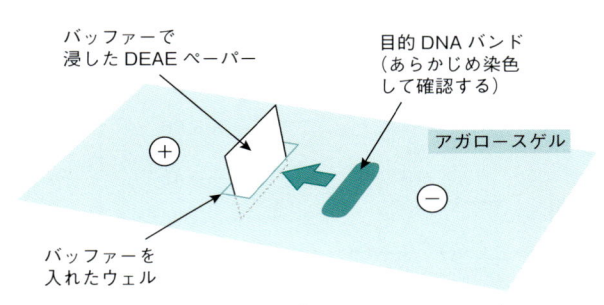

図5-4● DEAEペーパーを用いたDNAの回収
矢印の方向にDNAが移動するのでDNAがDEAEペーパーに吸着する

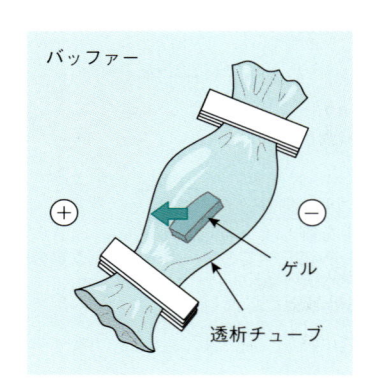

図5-5● 透析チューブを用いる方法
透析チューブの中のゲル中のDNAが,通電により矢印の方向に溶出され,透析チューブ内にたまる

・物理的に絞り出す(凍らせてから絞るか,遠心分離する).

2 DNAをポリアクリルアミドゲルから

・ゲルを砕いてDNAをTE[1]バッファーで溶出させ,ゲル濾過

で精製する．
- 電気的に透析チューブのなかなどに溶出させる（図5-5）．

3 タンパク質をアクリルアミドゲルから
- 電気的に透析チューブのなかに溶出させる（図5-5）

参照 1）TE　50ページ

3. ゲル保存法

電気泳動を終えたゲルは，データ保存の意味から，しばらくは保存しておくことが望ましい．ゲルは破損しやすく，バンドが退色することもあり，それぞれに適した方法で保存する．

代表的保存法

Ⓐ 水に浸けておく．単純だが確実な方法．SDS-PAGE後に染色，脱色したゲルの保存で行われる．ゲルを切るか，墨汁のついた針でゲルを刺して「墨入れ」，ゲルに目印をつける．

Point 核酸の場合は固定化の目的もあり，10％エタノール，10％酢酸溶液に浸けておいた方がよい．

Ⓑ ゲルを濾紙に移し，減圧下でゲルを濾紙につけて乾燥させる．

Ⓒ グリセロールなどを含ませてゲルを保護したあと，セロハン紙に挟んで風乾させる．アクリルアミドゲルでよく用いられる．

Point Ⓑ，Ⓒは核酸，タンパク質を分離したすべての平板（スラブ）ゲルで可能だが，厚いアクリルアミドゲルの場合，乾燥中にひび割れすることがあるので注意する．

1. 培養プレート作製法

それぞれの大腸菌を他から分離した状態で純粋に増殖させるため，培地を寒天で固めたプレート（平板培地）が使用される．以下にその作製方法を解説する．

LBプレート作製法を示す（**図6-1**）[1) 2)]．

❶ ビーカーにトリプトン，酵母エキス，塩化ナトリウムをはかり入れ，規定量の水を入れて溶かす[※1]．

❷ 水酸化ナトリウム溶液とpH試験紙でpHを7.0に合わせる[※2]．

❸ 三角フラスコに移し，寒天を1.5％分加える．

❹ アルミホイルか綿栓でフタをしてから，オートクレーブする[※3]．

❺ オートクレーブ終了後自然に常圧に戻し，静置して50〜60℃まで冷ます[※4][※5]．

❻ 静かに振って混ぜる．必要がある場合，抗生物質はここで加える[3)]．

❼ 滅菌シャーレに約15 mLを無菌的に注ぎ，フタをして水平な場所で固める[※6]．

❽ ビニール袋などに入れ，冷蔵庫内で保存する[※7]．

Point
[※1] 厳密なメスアップを行う必要は特にない．
[※2] 酵母エキスやトリプトンが同じロットの場合，2回目以降は1回目の中和条件を参考にできる．
[※3] 液量は三角フラスコの40％以下に抑える．

注意 [※4] 寒天が突沸して危険なので，急に減圧しないこと．

Point [※5] 別々に滅菌してから加える試薬も，この時点で加える．
[※6] 多少の水分除去とコンタミネーション（細菌などの汚染）チェックのため，一晩放置したほうがよい．

注意 [※7] テトラサイクリンが入っている場合は，遮光する[3)]．

第6章-1. 培養プレート作製法

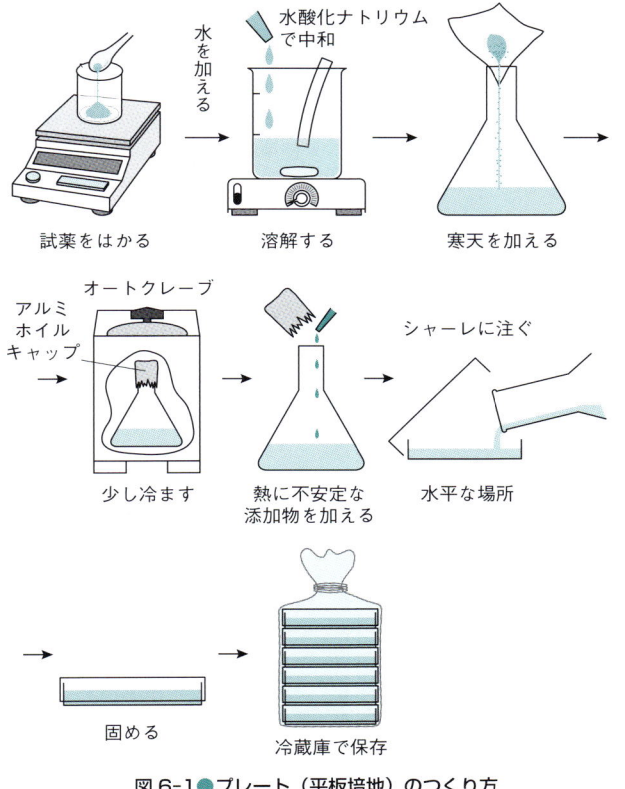

図6-1● プレート（平板培地）のつくり方

（試薬をはかる → 水を加える → 溶解する → 水酸化ナトリウムで中和 → 寒天を加える → オートクレーブ（アルミホイルキャップ）→ 少し冷ます → 熱に不安定な添加物を加える → シャーレに注ぐ（水平な場所）→ 固める → 冷蔵庫で保存）

参照
1) LB培地　146ページ
2) 寒天培地　156ページ
3) 抗生物質　157ページ

2. 代表的大腸菌の遺伝型

導入したDNAやそれに由来するタンパク質の発現能や安定性，選択薬剤やカラーセレクションが使用可能かどうかなど，大腸菌の実験では目的に合った菌株を選んで使用する必要がある．

遺伝子工学実験でよく使用される大腸菌名とその性質を**表6-1**で表す．また，主な遺伝マーカーや性質を以下に示す．

組換え：主要組換え遺伝子 *recA* の有無

EcoK：外来DNAを切断する *EcoK* 制限（*r*）・修飾（*m*）システム

mcrA, *mcrBC*：メチル化シトシンを含むDNAを分解する能力

F'：F'因子（プラスミド）の有無

sup：ナンセンスコドンを抑圧するサプレッサー変異の有無

Tns：薬剤耐性遺伝子などを運ぶトランスポゾンの有無

lac：ラクトースオペロンに関する欠失や変異

3. プラスミドの導入

大腸菌へプラスミドを導入する操作は，遺伝子工学の最も基本的な操作の1つである．以下に，コンピテントセル（competent cell）を用いる標準的トランスフォーメーション法を紹介する．

トランスフォーメーション（形質転換）

細菌にプラスミドを導入させる（トランスフォーション）方法には，カルシウムイオンなどで細胞壁を処理してDNAを取り込みやすくしたコンピテントセル（competent cell）を用いる方

表6-1 ● よく使われる大腸菌

菌名[*]	組換え	EcoK	mcr A	mcr B	F'	sup	Tns	lac	遺伝子型	特徴,用途
BL21 (DE3)	$recA^+$	$r_B^- m_B^-$	+	+	−	sup^+	−	lac^-	$F^- ompT\ hsdSB\ (r_B^- m_B^-;\ an\ E.coli\ B\ strain)\ with\ a\ \lambda\ prophage\ carrying\ the\ T7\ RNA\ polymerase\ gene$	タンパク質分解酵素が少なく,タンパク質生産に適している
DH5α	$recA^-$	$r_k^- m_k^+$	+	+	−	$supE44$	−	$\Delta lacU169$	$F^- endA1\ hsdR17\ (r_k^- m_k^+)\ supE44\ thi1\ recA1\ gyrA\ (Nalr)\ relA1\ \Delta(lacZYA\text{-}argF)\ U169\ (\phi 80lacZ\Delta M15)$	形質転換効率が高い,カラーセレクションが行える
JM109	$recA^-$	$r_k^- m_k^+$	+	+	+	$supE44$	−	$\Delta(lac\text{-}proAB)$	$[F'\ traD36\ lacI^q\ lacZ\Delta M15\ proA^+B^+]\ e14^-(McrA^-)\ \Delta(lac\text{-}pro\ AB)\ thi\ gyrA96\ (Nalr)\ endA1\ hsdR17\ (r_k^- m_k^+)\ relA1\ supE44\ recA1$	pBluescript系,pUC系プラスミドを用いるカラーセレクションに適している
XL-1 Blue	$recA^-$	$r_k^- m_k^+$	+	+	+	$supE44$	Tn10	$lac^-[F'\ lacI^q, lacZ\Delta M15, Tn10]$	$[F'::Tn10\ proA^+B^+\ lacI^q\ lacZ\ \Delta M15]\ recA1\ endA1\ gyrA96\ (Nalr)\ thi\ hsdR17\ (r_k^- m_k^+)\ supE44\ relA1\ lac$	カラーセレクションに使用される
HB101	$recA^-$	$r_k^- m_k^-$	+	+	−	$supE44$	−	$lacY1$	$F^- \Delta(gpt\text{-}proA)\ 62\ leu\ supE44\ araI4\ galK2\ lacY1\Delta(mcrC\text{-}mrr)\ rpsL20\ (Str)\ xyl\text{-}5\ mtl\text{-}1\ recA13$	一般的形質転換に用いる

[*]すべて大腸菌 K12 株に属する。ただし BL21 は B 株

法や，電気パルスでDNAを細胞内に導入させるエレクトロポレーション法がある．以下にコンピテントセルを使う方法を述べる（**図6-2**）．

❶ 凍結コンピテントセルを氷中で自然解凍させる．

❷ 20 μLのDNA溶液に100 μLのコンピテントセルを加え，撹拌せず，氷中で30分間静置する．

❸ この間プレートを50℃の孵卵器に入れ，フタを少し開けて水分を蒸発させておく．

❹ 42℃，1分間熱処理後氷冷し，SOC培地[1] 900 μLを加え，37℃で30分間保温する．

❺ 全量をプレートに移し，スプレッダーで塗り広げ，倒置して37℃で一晩培養する．

参照 1）SOB培地/SOC培地　147ページ

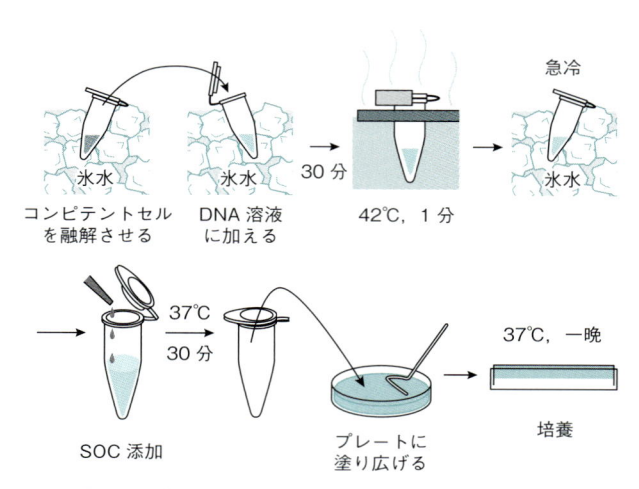

図6-2● トランスフォーメーション（形質転換）の方法

1. 細胞の凍結保存

培養細胞は凍結して長期保存することができるが，凍結法が適切でないと，細胞のほとんどが死んだり性質が変化してしまう．以下に標準的凍結方法を紹介する．

❶ 常法にしたがって細胞をトリプシン[1]処理し，培地に懸濁してから遠沈管に移す．
（浮遊細胞の場合は次から始める）

❷ 2,000rpm 3分間，室温で遠心分離し，上清を吸い取る．

❸ 細胞にセルバンカー[※1]を，$100cm^2$シャーレ1枚につき1mL加えて懸濁する．

❹ 凍結用チューブに移してから，厚手の発砲スチロール箱に入れ，確実にフタをして箱ごと−80℃フリーザーに入れる[※2]．

❺ 翌日，チューブを液体窒素保存容器に移す．

❻ 使用する場合：凍結細胞を37℃の温浴で溶かし，培地を入れてから遠心分離し，上清を吸い取った後に適当量の培地を加えて細胞を懸濁し，培養器に移す．

Point [※1] セルバンカーは日本全薬工業の製品．他にも，通常培地に10％のグリセロールやDMSO（ジメチルスルフォキシド）を加えたり，血清濃度を25％程度にして凍結保存できる．

[※2] こうすることで緩やかに温度を下げることができる．

参照 1) トリプシン溶液　178ページ

2. 細胞数の計測

細胞のクローニング,ウイルスやDNAの感染,生化学的実験など,細胞を用いる実験の第一歩は正確な細胞数の計測である.以下に血球計算板を用いる細胞数計測について解説する.

1 血球計算板による細胞測定法

細胞数の測定は,細胞をバラバラにして適当に希釈した後,血球計算盤と倒立顕微鏡を用いて行う.図7-1に改良ノイバウエル型血球計算盤を示す.カバーグラスとの隙間が0.1mmなので,1mm四方区画10個の細胞数を測定すると,1mL中の細胞数が求められる.

> 細胞濃度(個/mL)= 1 mm区画10個分の細胞数
> ×1,000×細胞懸濁液の希釈倍率

2 それ以外の細胞測定法

コールターカウンターなどを用い,フローセルを通過する細胞数を計測する.

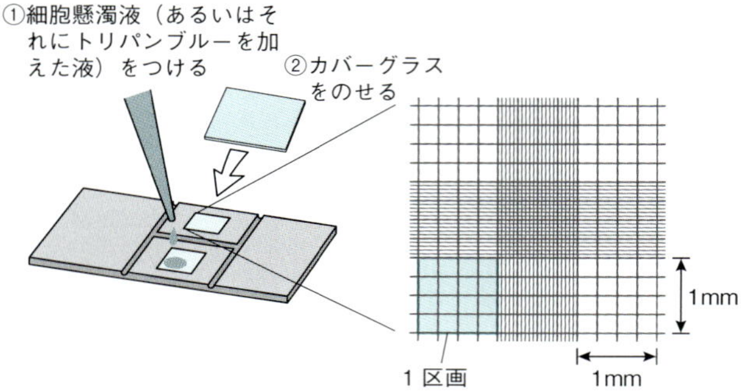

図7-1 ●血球計算盤を用いた細胞数の計測

3. 固定染色法

細胞数の測定，細胞の微小構造や全体の形態観察，さらには細胞の増殖性やコロニーの全体像を観察するため，以下のような細胞の染色法が用いられる．

- ギムザ（Giemsa）染色[1]：細胞を青紫色に染め，核が特に強く染まる．細胞の増殖性，個々の形態，核の形態観察に用いられる．
- ヘマトキシリン[2]－エオシン染色[3]：細胞質（桃色）と核（青色）を染め分ける．
- ホイルゲン染色：DNAを赤紫に染める．
- ヤヌスグリーン染色：ミトコンドリアを染める．
- メチルグリーン-ピロニン染色：DNA（緑色）とRNA（桃色）を染め分ける．

> **Point** 固定は細胞の形や内部構造を染色により観察するときに行われる．染色前に細胞を固定しない生体染色法（トリパンブルー染色，ニュートラルレッド染色，メチレンブルー染色など．通常死細胞がよく染まる）という方法もあり，生細胞の計測やプラークアッセイ（ファージのプラークアッセイと同様にウイルスを感染させ，ウイルス数を測定する）に使用される．

以下にギムザ染色法の手技を示す（**図7-2**）．

❶ 培地に数滴のホルマリンを直接加えるか，培地除去後メタノールを加えて細胞を固定する（ドラフトで行う．10～30分間放置）．

❷ ギムザ液原液をPBS（－）[4]で3％に希釈したものを加え，5～10分間染色する．

❸ 水洗後乾燥させる．

参照
1) ギムザ染色液　183ページ
2) ヘマトキシリン溶液　185ページ
3) エオシン溶液　187ページ
4) PBS（－）　165ページ

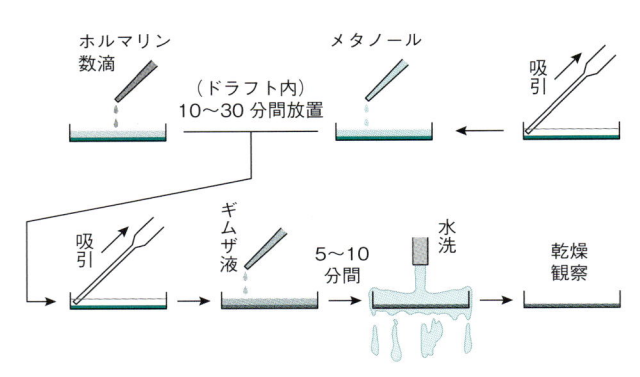

図7-2● ギムザ染色のやり方

4. 培養容器の規格

現在,細胞培養や組織培養はほとんどプラスチック製の容器で行われる.培養の規模や細胞の種類,そして実験の目的に適した容器を使用する.

> 各メーカーからプラスチック製の培養容器が入手できる.
> なお,培養容器の使い分けは以下の通りである.
>
> ・フラスコ:細胞の植え継ぎや増殖までの一般の操作,あるいは輸送などに使用.
> ・シャーレ:一般的操作のほか,コロニー形成,DNAトランスフェクション,ウイルス感染などに使用.
> ・マルチウェルプレート:細胞のクローニング,スモールスケールでの細胞操作など,多検体実験に使用.
> ・ローラーボトル:付着性細胞の大量培養,ウイルスの大量増幅などに使用.

5. 血清の準備

細胞培養では，基礎となる培地にアミノ酸やビタミン類を添加し，さらに細胞増殖因子を含む動物の血清が加えられる．

1 血清の種類

ウシ胎仔血清〔fetal calf（bovine）serum，FCS，FBS〕を10％に加えるのが一般的．品質の面では新生仔ウシ血清，そしてウシ血清がこれにつぐが，阻害因子や抗体をもつ可能性が高まる．実験によってはウマやトリの血清も使われる．

2 保存

無菌状態の凍結品として500mL単位で購入できる．そのまま，あるいは100mLずつ小分けし，−20〜−80℃で保存する．

3 血清の非動化

培地に加えられる血清中の自然抗体によって細胞が攻撃されないよう，補体を失活させる目的で，血清を56℃，30分間の加熱処理，「非動化」をすることがある．

4 血清のロットチェック

血清であればどの製品でもよいということはなく，メーカーや製品のロットをチェックし，細胞に適したものを使用する．以下にチェックの手順を簡単に示す．

❶ 検出する血清の入った培地を用意する．

❷ トリプシン[1]処理後の細胞をシャーレに適当数まき，それぞれの培地で培養する．

❸ 数日後に再度トリプシン処理し，全体の1/50〜1/5量を新しいシャーレに移し，検定用培地で培養する．

❹ このような植え継ぎ操作をさらに1〜3回行う．1つの培地につき複数枚のシャーレを使用する．

❺ 培養後，以下の方法でデータを収集し，品質を判断する．

　Ⓐ シャーレ内の細胞数を計測する．

　Ⓑ ギムザ染色により，コロニー（集団）の数と大きさを観察する．

5 マイコプラズマチェック

マイコプラズマ（mycoplasma）は細胞壁がなく，滅菌フィルターを通過するほど微小な細菌類．多くのブタが保有しているため，通常トリプシン[1]（ブタの胃から精製する）から，場合によってはウシ血清から感染し，細胞の増殖を阻害する．細胞の調子が悪い場合，培養上清や血清中のマイコプラズマの有無を定法にしたがってチェックする（成書を参照）．除去は困難であり，感染した細胞は破棄する．

参照 1) トリプシン溶液　178ページ

memo

memo

memo

memo

付　録

❶ラジオアイソトープデータ

バイオ実験で汎用される核種について示す.

放射活性および代表的核種

① 放射活性の換算
1 Becquerel(Bq)=1 dps(disintegration/sec)
1 Ci=3.7×10^{10} Bq
　　=2.22×10^{12} dpm(disintegration/min)
1 mCi=3.7×10^{7} Bq=2.22×10^{9} dpm
1 μCi=3.7×10^{4} Bq=2.22×10^{6} dpm
1 Gray(Gy)=1 joule/kg
1 rad(r)=100 ergs/g=10^{-2} Gy
1 Roentgen(R)=0.877 r(空気中)

② 核種の物理的性状

核種	半減期	放射線	最大エネルギー (MeV)	最大放射距離
^{3}H	12.43年	β	0.0186	0.42cm （空気中）
^{14}C	5,370年	β	0.156	21.8cm （空気中）
^{32}P	14.3日	β	1.71	610cm （空気中）
				0.8cm （水中）
^{35}S	87.4日	β	0.167	24.4cm （空気中）
^{131}I	8.04日	β	0.606	165cm （空気中）
		γ	0.364	2.4cm （鉛中）

放射活性減衰早見表

^{32}P		^{35}S		^{131}I	
時間 (日)	残存放射 活性 (%)	時間 (日)	残存放射 活性 (%)	時間 (日)	残存放射 活性 (%)
1	95.3	2	98.4	0.2	98.3
2	90.8	5	96.1	0.4	96.6
3	86.5	10	92.3	0.6	95.0
4	82.4	15	88.7	1.0	91.8
5	78.5	20	85.3	1.6	87.2
6	74.8	25	82.0	2.3	81.2
7	71.2	31	78.1	3.1	76.7
8	67.8	37	74.5	4.0	71.0
9	64.7	43	71.0	5.0	65.2
10	61.5	50	67.0	6.1	59.3
11	58.7	57	63.6	7.3	53.4
12	55.9	65	59.6	8.1	50.0

次ページへ続く→

^{32}P		^{35}S		^{131}I	
時間(日)	残存放射活性（%）	時間(日)	残存放射活性（%）	時間(日)	残存放射活性（%）
13	53.2	73	56.0		
14	50.7	81	52.5		
14.3	50.0	87.1	50.0		

❷遠心力

遠心加速度（g）は以下の式で算出されるが，概算値は下図で求められる．

$$g = 1,118 \times 10^{-8} \times R \text{ (cm)} \times N^2 \text{ (rpm)}$$

遠心力と回転数の換算表

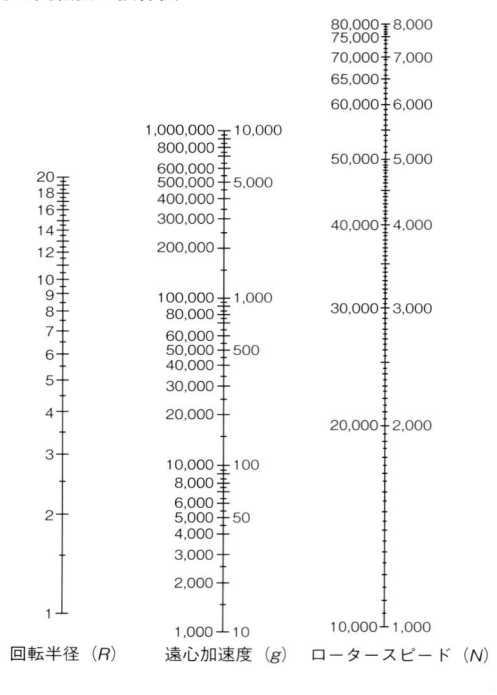

回転半径（R）　　遠心加速度（g）　　ロータースピード（N）

❸おもなバッファーの適用pH範囲

バッファー名	使用pH範囲
グリシン-HCl	2.2～3.6
クエン酸-クエン酸Na（NaOH）	3.0～6.2
酢酸-酢酸Na（NaOH）	3.7～5.6
コハク酸Na-NaOH	3.8～6.0
カコジル酸Na-HCl	5.0～7.4
リンゴ酸Na-NaOH	5.2～6.8
Tris-リンゴ酸	5.4～8.4
MES-NaOH	5.4～6.8
PIPES-NaOH	6.2～7.3
MOPS-NaOH	6.4～7.8
イミダゾール-HCl	6.2～7.8
リン酸	5.8～8.0
TES-NaOH	6.8～8.2
HEPES-NaOH	7.2～8.2
Tricine-HCl	7.4～8.8
Tris-HCl	7.1～8.9
EPPS-NaOH	7.3～8.7
Bicine-NaOH	7.7～8.9
グリシルグリシン-NaOH	7.3～9.3
TAPS-NaOH	7.7～9.1
ホウ酸-NaOH	9.3～10.7
グリシン-NaOH	8.6～10.6
炭酸Na-炭酸水素Na	9.2～10.8
炭酸Na-NaOH	9.7～10.9

❹硫安（硫酸アンモニウム）溶液の濃度

各温度における飽和硫安溶液

	温度（℃）				
	0	10	20	25	30
溶液1,000g中のモル数	5.35	5.35	5.73	5.82	5.91
パーセント濃度（w/w）	41.42	42.22	43.09	43.47	43.85
1Lの水に対する必要量（g）	706.8	730.5	755.8	766.8	777.5
溶液1L中の硫安量（g）	514.7	525.1	536.1	541.2	545.9
モル濃度［M］	3.90	3.97	4.06	4.10	4.13
比重（g/cm³）	1.2428	1.2436	1.2447	1.2450	1.2449

0℃における種々の濃度の硫安溶液の作製

硫安の初濃度 (%) \ 硫安の最終濃度 (%)	20	25	30	35	40	45	50	55	60	65	70	75	80	85	90	95	100
	100gに加える固体硫安の量 (g)																
0	10.7	13.6	16.6	19.7	22.9	26.2	29.5	33.1	36.6	40.4	44.2	48.3	52.3	56.7	61.1	65.9	70.7
5	8.0	10.9	13.9	16.8	20.0	23.2	26.6	30.0	33.6	37.3	41.1	45.0	49.1	53.3	57.8	62.4	67.1
10	5.4	8.2	11.1	14.1	17.1	20.3	23.6	27.0	30.5	34.2	37.9	41.8	45.8	50.0	54.4	58.9	63.6
15	2.6	5.5	8.3	11.3	14.3	17.4	20.7	24.0	27.5	31.0	34.8	38.6	42.6	46.6	51.0	55.5	60.0
20	0	2.7	5.6	8.4	11.5	14.5	17.7	21.0	24.4	28.0	31.6	35.4	39.2	43.3	47.6	51.9	56.5
25		0	2.7	5.7	8.5	11.7	14.8	18.2	21.4	24.8	28.4	32.1	36.0	40.1	44.2	48.5	52.9
30			0	2.8	5.7	8.7	11.9	15.0	18.4	21.7	25.3	28.9	32.8	36.7	40.8	45.1	49.5
35				0	2.8	5.8	8.8	12.0	15.3	18.7	22.1	25.8	29.5	33.4	37.4	41.6	45.9
40					0	2.9	5.9	9.0	12.2	15.5	18.7	22.5	26.2	30.0	34.0	38.1	42.4
45						0	2.9	6.0	9.1	12.5	15.8	19.3	22.9	26.7	30.6	34.7	38.8
50							0	3.0	6.1	9.3	12.7	16.1	19.7	23.3	27.2	31.2	35.3
55								0	3.0	6.2	9.4	12.9	16.3	20.0	23.8	27.7	31.7
60									0	3.1	6.3	9.6	13.1	16.6	20.4	24.2	28.3
65										0	3.1	6.4	9.8	13.4	17.0	20.8	24.7
70											0	3.2	6.6	10.0	13.6	17.3	21.2
75												0	3.2	6.7	10.2	13.9	17.6
80													0	3.3	6.8	10.4	14.1
85														0	3.4	6.9	10.6
90															0	3.4	7.1
95																0	3.5
100																	0

0℃における値を示す．濃度は0℃における飽和濃度を100%としたときの値を示す

❺アミノ酸

タンパク質をつくるアミノ酸の名称と性質

	性　質	名　称	3文字表記	1文字表記	分子量	側鎖イオン化のpK値
	中　性	グリシン	Gly	G	75.07	
親水性	正電荷をもつ	ヒスチジン	His	H	155.16	6.0
		リシン	Lys	K	149.16	10.53
		アルギニン	Arg	R	174.2	12.48
	負電荷をもつ	アスパラギン酸	Asp	D	133.1	3.86
		グルタミン酸	Glu	E	147.13	4.25
	アミドを含む	アスパラギン	Asn	N	132.1	
		グルタミン	Gln	Q	146.15	
	ヒドロキシ基を含む	セリン	Ser	S	105.09	
		トレオニン	Thr	T	119.12	
疎水性	芳香環をもつ	フェニルアラニン	Phe	F	165.19	
		チロシン	Tyr	Y	181.19	10.07
		トリプトファン	Trp	W	204.22	
	硫黄を含む	メチオニン	Met	M	149.21	
		システイン	Cys	C	121.12	8.33
	脂肪族の性質をもつ	アラニン	Ala	A	89.09	
		ロイシン	Leu	L	131.17	
		イソロイシン	Ile	I	131.17	
		バリン	Val	V	117.15	
		プロリン	Pro	P	115.13	

❻紫外部吸収とタンパク質濃度

紫外部吸収値からタンパク質濃度を求める．

タンパク質濃度 (mg/mL) = A_{280} × Factor

あるいは

タンパク質濃度 (mg/mL) = $1.55 A_{280} - 0.76 A_{260}$

A_{280}/A_{260}	核酸（%）†	Factor	A_{280}/A_{260}	核酸（%）†	Factor
1.75	0	1.118	1.60	0.30	1.078
1.50	0.56	1.047	1.40	0.87	1.011
1.30	1.26	0.969	1.25	1.49	0.946
1.20	1.75	0.921	1.15	2.05	0.893
1.10	2.4	0.863	1.05	2.8	0.831
1.00	3.3	0.794	0.96	3.7	0.763

次ページへ続く→

A_{280}/A_{260}	核酸（％）[†]	Factor	A_{280}/A_{260}	核酸（％）[†]	Factor
0.92	4.3	0.728	0.90	4.6	0.710
0.88	4.9	0.691	0.86	5.2	0.671
0.84	5.6	0.650	0.82	6.1	0.628
0.80	6.6	0.605	0.78	7.1	0.581
0.76	7.8	0.555	0.74	8.5	0.528
0.72	9.3	0.500	0.70	10.3	0.470
0.68	11.4	0.438	0.66	12.8	0.404
0.64	14.5	0.368	0.62	16.6	0.330
0.60	19.2	0.289			

[†] 混在する核酸の割合

❼ 核酸とタンパク質の換算式

① 吸光度／DNA 濃度変換
$1\,A_{260}$ ユニット［二本鎖 DNA］$= 50\,\mu g/mL$
$1\,A_{260}$ ユニット［一本鎖 DNA］$= 33\,\mu g/mL$
$1\,A_{260}$ ユニット［一本鎖 RNA］$= 40\,\mu g/mL$

② DNA 重量／mol 数変換
1,000bp DNA $1\,\mu g = 1.52$ pmol（末端濃度：3.03pmol）
1,000bp DNA 1 pmol $= 0.66\,\mu g$

③ タンパク質の mol 数／重量変換
100kDa タンパク質 100pmol $= 10\,\mu g$
10kDa タンパク質 100pmol $= 1\,\mu g$
1kDa タンパク質 100pmol $= 100$ ng

④ タンパク質分子量／DNA 長変換
1 kb DNA $= 333$ 個のアミノ酸がコードできる
$\qquad\quad\; = 37$ kDa タンパク質
270bp DNA $= 10$ kDa タンパク質
2.7kb DNA $= 100$ kDa タンパク質
アミノ酸の平均分子量 $= 110$ Da

⑤ DNA 重量／mol 数換算式
二本鎖 DNA
・pmol → μg：

$$\text{pmol} \times N \times \frac{660\text{pg}}{\text{pmol}} \times \frac{1\,\mu g}{10^{6}\text{pg}} = \mu g$$

- $\mu g \rightarrow pmol$：

$$\mu g \times \frac{10^6 pg}{1\mu g} \times \frac{pmol}{660pg} \times \frac{1}{N} = pmol$$

$$\begin{pmatrix} N：塩基長（bp） \\ 660pg/pmol：1塩基対の平均分子量 \end{pmatrix}$$

一本鎖DNA

- $pmol \rightarrow \mu g$：

$$pmol \times N \times \frac{330pg}{pmol} \times \frac{1\mu g}{10^6 pg} = \mu g$$

- $\mu g \rightarrow pmol$：

$$\mu g \times \frac{10^6 pg}{1\mu g} \times \frac{pmol}{330pg} \times \frac{1}{N} = pmol$$

$$\begin{pmatrix} N：塩基長（base） \\ 330pg/pmol：1塩基の平均分子量 \end{pmatrix}$$

❽酵素反応液

① 分解酵素

1. DNase I

トリス塩酸バッファー（pH=7.5）	50mM
硫酸マグネシウム	10mM
DTT	1mM

2. S1 ヌクレアーゼ

酢酸ナトリウムバッファー（pH=4.6）	30mM
塩化ナトリウム	280mM
硫酸亜鉛	1mM

3. RNase A

塩化ナトリウム	300mM
トリス塩酸バッファー（pH=7.5）	10mM
EDTA	5mM

4. Bal31 ヌクレアーゼ

塩化ナトリウム	60mM
トリス塩酸バッファー（pH=8.0）	20mM
塩化カルシウム	12mM
塩化マグネシウム	12mM
EDTA	0.2mM

5. Mung beam ヌクレアーゼ

酢酸ナトリウムバッファー（pH=4.5）	30mM
塩化ナトリウム	50mM
塩化亜鉛	1mM
グリセロール	5%

6. エキソヌクレアーゼⅢ

トリス塩酸バッファー（pH=8.0）	50mM
塩化マグネシウム	5mM
2-メルカプトエタノール	10mM

7. マイクロコッカルヌクレアーゼ

トリス塩酸バッファー (pH=8.0)	20mM
塩化ナトリウム	5mM
塩化カルシウム	2.5mM

8. RNase H

トリス塩酸バッファー (pH=7.8)	20mM
塩化カリウム	50mM
塩化マグネシウム	10mM
DTT	1mM

② 修飾酵素

1. CpG メチラーゼ

トリス塩酸バッファー (pH=7.9)	10mM
塩化ナトリウム	50mM
塩化マグネシウム	10mM
DTT	1mM
S-アデノシルメチオニン	0.16mM

2. 大腸菌 DNA ポリメラーゼ I

トリス塩酸バッファー (pH=7.8)	50mM
塩化マグネシウム	10mM
DTT	0.1mM
基質ヌクレオチド	25〜50μM

3. T4 DNA ポリメラーゼ

トリス塩酸バッファー (pH=7.9)	10mM
塩化ナトリウム	50mM
塩化マグネシウム	10mM
DTT	1mM
BSA	0.1mg/mL
基質ヌクレオチド	25〜50μM

4. T7 DNA ポリメラーゼ

トリス塩酸バッファー (pH=7.5)	20mM
塩化マグネシウム	10mM
DTT	1mM
BSA	50μg/mL
基質ヌクレオチド	0.15〜0.3mM

5. TdT（ターミナルトランスフェラーゼ)

トリス酢酸バッファー (pH=7.9)	20mM
酢酸カリウム	50mM
酢酸マグネシウム	10mM
DTT	1mM
BSA	0.1mg/mL
基質ヌクレオチド	0.2〜0.5mM

6. Taq ポリメラーゼ

トリス塩酸バッファー (pH=8.3)	10mM
塩化カリウム	50mM
塩化マグネシウム	1.5mM
基質ヌクレオチド	0.2〜0.3mM

7. SP6 RNA ポリメラーゼ

トリス塩酸バッファー (pH=7.9)	40mM
塩化マグネシウム	6mM
スペルミジン	2mM
DTT	10mM
（RNase インヒビター	適宜）
基質ヌクレオチド	0.5mM

8. T7 RNA ポリメラーゼ

トリス塩酸バッファー (pH=7.9)	40mM
塩化マグネシウム	6mM
スペルミジン	2mM
DTT	10mM
（RNase インヒビター	適宜）
基質ヌクレオチド	0.5mM

❾大腸菌のベクター

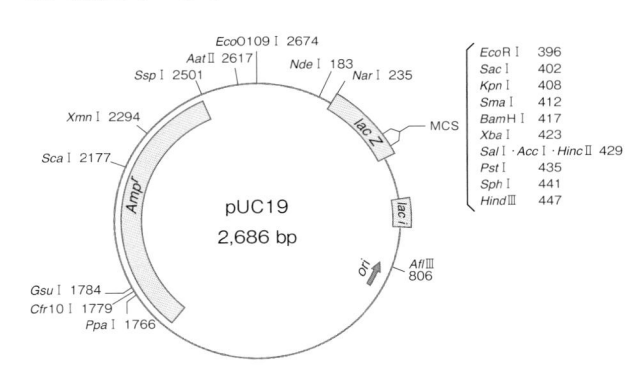

pUC19 (2,686 bp)

主な制限酵素部位:
- EcoO109 I 2674
- Aat II 2617
- Ssp I 2501
- Xmn I 2294
- Sca I 2177
- Gsu I 1784
- Cfr10 I 1779
- Ppa I 1766
- Afl III 806
- Nde I 183
- Nar I 235

MCS:
- EcoR I 396
- Sac I 402
- Kpn I 408
- Sma I 412
- BamH I 417
- Xba I 423
- Sal I・Acc I・Hinc II 429
- Pst I 435
- Sph I 441
- Hind III 447

領域: lacZ, lacI, Ampr, ori

pUC19 DNA を 1 カ所切断する制限酵素

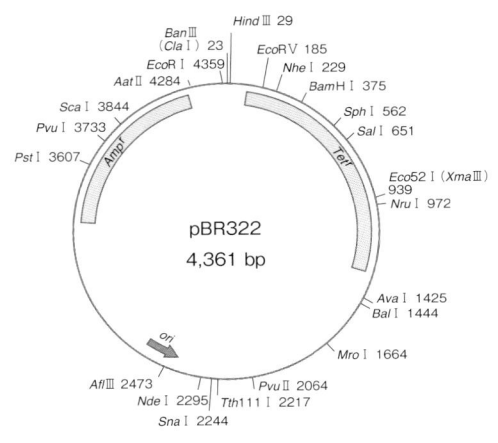

pBR322 (4,361 bp)

- Ban III (Cla I) 23
- Hind III 29
- EcoR I 4359
- EcoRV 185
- Aat II 4284
- Nhe I 229
- BamH I 375
- Sca I 3844
- Sph I 562
- Pvu I 3733
- Sal I 651
- Pst I 3607
- Eco52 I (Xma III) 939
- Nru I 972
- Ava I 1425
- Bal I 1444
- Mro I 1664
- Afl III 2473
- Nde I 2295
- Tth111 I 2217
- Pvu II 2064
- Sna I 2244

領域: Ampr, Tetr, ori

pBR322 DNA を 1 カ所切断する制限酵素

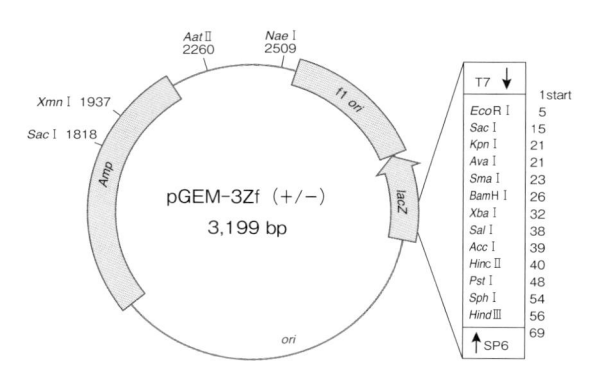

pGEM-3Zf(+/−)

- AatⅡ 2260
- NaeⅠ 2509
- XmnⅠ 1937
- SacⅠ 1818
- Amp
- f1 ori
- lacZ
- ori

pGEM-3Zf (+/−)
3,199 bp

MCS:

酵素	位置
T7 ↓	1start
EcoRⅠ	5
SacⅠ	15
KpnⅠ	21
AvaⅠ	21
SmaⅠ	23
BamHⅠ	26
XbaⅠ	32
SalⅠ	38
AccⅠ	39
HincⅡ	40
PstⅠ	48
SphⅠ	54
HindⅢ	56
↑SP6	69

pGEM-3Zf(+/−)の制限酵素地図およびMCS（マルチクローニングサイト）

pBluescriptⅡ SK(+/−)

- NaeⅠ 131
- SspⅠ 442
- SspⅠ 19
- SspⅠ 2850
- XmnⅠ 2645
- ScaⅠ 2526
- PvuⅠ 2416
- Amp
- f1 (−) ori
- f1 (+) ori
- NaeⅠ 330
- PvuⅠ 500
- PvuⅡ 529 ↓T7
- lacZ MCS
- BssHⅡ 619
- KpnⅠ 657
- SacⅠ 759
- BssHⅡ 792 ↑T3
- PvuⅡ 792
- ColE1 ori
- AflⅢ 1153

pBluescriptⅡ SK (+/−)
2,961 bp

SK MCS:
- BssHⅡ
- T3
- SacⅠ
- BstXⅠ
- SacⅡ
- NotⅠ
- EagⅠ
- XbaⅠ
- SpeⅠ
- BamHⅠ
- SmaⅠ
- PstⅠ
- EcoRⅠ
- EcoRⅤ
- HindⅢ
- BanⅢ
- HincⅡ
- AccⅠ
- SalⅠ
- XhoⅠ
- DraⅡ
- ApaⅠ
- KpnⅠ
- T7
- BssHⅡ

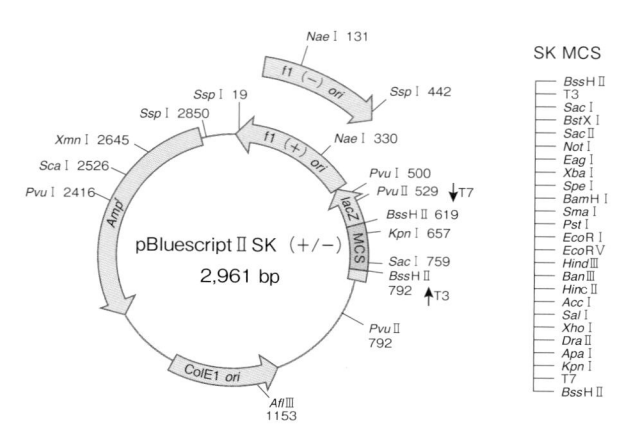

pBluescriptⅡの制限酵素地図およびMCS（マルチクローニングサイト）

改訂 バイオ試薬調製ポケットマニュアル

INDEX

記号・数字

%濃度	206
2′-デオキシヌクレオシド三リン酸	80
2×YPAD 培地	155
2YT 培地	152
4-(2-aminoethyl) benzenesulfonyl fluoride	104
5-bromo-2′-deoxyuridine	193
5-bromo-4-chloro-3-indolyl-β-D-galactoside	160
70% glycerol	107
70%エタノール	66
70%グリセロール	107

和文

あ

アガロースゲル	127
アクリルアミド溶液	129
アジ化ナトリウム	109
アデノシン 5′-三リン酸二ナトリウム	102
アプロチニン	104
アミドブラック	143
アルカリホスファターゼ	83
アルカリ溶解法:溶液Ⅰ	54
アルカリ溶解法:溶液Ⅱ	55
アルカリ溶解法:溶液Ⅲ	56
アンチパイン	104
アンピシリン	157
アンフォテリシン B	177
イミダゾール	120
ウエスタンブロッティング溶液	110
ウシ血清アルブミン	108
エオシン溶液	187
エタノール	66
エタノール沈殿法	219
エチジウムブロマイド	67
エチレンジアミン四酢酸	40
塩化カリウム	22
塩化カルシウム	27
塩化水素	16
塩化ナトリウム	21, 169
塩化マグネシウム	23
塩酸	16
遠心分離	233
エンリッチ SD 培地	155
オートクレーブ	215

か

苛性カリ	19
苛性ソーダ	18
カナマイシン	157, 176
過硫酸アンモニウム	145
緩衝液	214
乾燥重量法	230
寒天培地	156
寒天溶液	174
希アンモニア水	20
ギムザ染色液	183
キモスタチン	105
クーマシーブルー G 法	231
クエン酸ナトリウムバッファー	39
グリセリン	107
グリセロール	107
グルタチオン	118

グルタミン溶液	172	三角フラスコ	202
クレノーフラグメント	86	ジエチルエーテル	73
クロマイ	157	ジエチルピロカーボネート	53
クロマトグラフィー	233, 234	ジェネテシン	177
クロラムフェニコール	157	紫外部吸収法	231
クロロキンリン酸	182	シクロヘキシミド	189
クロロパン	65	ジメチルスルフォキシド	192
クロロホルム・イソアミルアルコール	64	重曹	173
クロロマイセチン	157	重炭酸ナトリウム	173
血球計算板	248	純水	212
ゲル濾過	226	食塩	21
限外濾過	234	ショ糖	48
光学濃度	206	シリンジ	222
抗生物質(細胞培養用)	176	水酸化カリウム	19
抗生物質(大腸菌実験用)	157	水酸化ナトリウム	18
抗体除去バッファー	117	水溶性封入剤	188
酵母用培地	154	スーパーブロス	152
固体培地	156	スクロース	48
コニカルチューブ	202	ストレプトマイシン	157, 176
		精製水	212
さ		生理食塩水	169
サイバーグリーン	144	生理的食塩水	169
サイバーゴールド	144	選択培地	191
細胞数計測	248		
細胞の凍結保存	247	**た**	
細胞溶解液	98	脱イオンホルムアミド	92
酢酸	17	脱色液	142
酢酸アンモニウム	29	脱水	235
酢酸カリウム	26	炭酸水素ナトリウム	173
酢酸カルシウム	28	タンパク質抽出液	100
酢酸ナトリウム	25	タンパク質転写溶液	111
酢酸ナトリウムバッファー	38	チップ脱着式マイクロピペッター	202
酢酸マグネシウム	24	チミジン	190
サザンハイブリダイゼーション溶液	96	注射針	222
サザンブロッティング溶液	93	超音波発振機	223
サッカロース	48	超純水	212
サルコシル	49	沈殿	232, 234
三塩化酢酸	121	通常ゲル用ローディングバッファー	135

ツニカマイシン	177	非動化	251
テトラサイクリン	157	ピペット	202
テリフィックブロス	153	ファージ沈殿液	162
電気泳動	233	富栄養培地	152
デンハルト	97	フェノール	60, 62
天秤	208	フェノール・クロロホルム	65
凍結乾燥	235	ブタノール	72
透析	227	ブロッキング溶液	113
ドデシル硫酸ナトリウム	44	プロテアーゼインヒビター	104
トランスフェクション溶液	181	プロテナーゼ K	70
トリクロロ酢酸	121	プロナーゼ	69
トリス・フェノール	62	ブロモウラシルデオキシリボシド	193
トリス塩酸バッファー	31	ブロモデオキシウリジン	193
トリスグリシンバッファー	126	分光光度計	207, 221
トリス酢酸バッファー	33, 123	分子量マーカー	236
トリスホウ酸バッファー	124	ペニシリン G	176
トリパンブルー	180	ペプスタチン A	104
トリプシン溶液	178	ヘマトキシリン溶液	185
		ペルオキソ二硫酸アンモニウム	145

な

軟寒天培地	174	変性	225
二炭化ジエチル	53	変性ゲル用ローディングバッファー	136
尿素	122	ホウ酸	124
尿素ゲル	133	ポリアクリルアミドゲル	131
ヌクレアーゼ	89	ホルムアミド	92
ヌクレオチド	80		
ネオマイシン	177		
濃度計算	206		
ノコダゾール	192		

は

ま

パーセント濃度	206	マーカー	236
バッファー	214	マイヤーヘマトキシリン溶液	185
パラホルムアルデヒド溶液	184	膜分画	232
非イオン性界面活性剤	46	水	212
ビーカー	202	水飽和フェノール	60
ビウレット法	230	メスアップ	209
ビシンコニン酸法	231	メスシリンダー	202
ビス	129	メチルセルロース培地	175
		滅菌	217
		メルカプトエタノール	117

免疫沈降反応結合液	115
モル（M）濃度	206

ら

リゾチーム	57
硫安	119
硫酸アンモニウム	119
硫酸マグネシウム	30
リンガー液	170
リンゲル液	170
リン酸カリウムバッファー	37
リン酸緩衝生理食塩水	165
リン酸ナトリウムバッファー	36
リン酸バッファー	36
ロイペプチン	104
ローディングバッファー	135, 136
ローリー法	230

欧文

A

acetic acid	17
acrylamide solution	129
AEBSF	104
agar	156
agarose gel	127
alkaline phosphatase	83
amido black	143
ammonium acetate	29
ammonium persulfate	145
ammonium sulphate	119
Amp	157
Amphotericin B	177
antibiotics for cell culture	176
antibiotics for E.coli experiments	157
Antipain	104
Aprotinin	104
APS	145
ATP for protein experiments	102

B

BAP	83
BCA 法	231
Bestatin	105
Bicinchoninate 法	231
BigDye® 希釈バッファー	85
binding mixture for immunoprecipitation	115
Biuret 法	230
blocking solutions for Western blotting	113
boric acid	124
bovine serum albumin	108
BPB	135, 136
Bradford 法	231
BrdU	193
BriJ 58	46
bromophenol blue	135, 136
BSA	108
BUdR	193

C

C_2H_5OH	66
C_2H_6OS	117
$C_5H_{11}OH$	64
C_6H_5OH	60, 62
$Ca(CH_3COO)_2$	28
$CaCl_2$	27
calcium acetate	28
calcium chloride	27
CAPS バッファー	112
CBB 染色液	141
CCl_3COOH	121
cell lysis solution	98
$(CH_2O)_n$	184
$CH_3(CH_2)_3OH$	72
$(CH_3COO)_2Mg$	24

CH₃COOH	17
CH₃COOK	26
CH₃COONa	25
CH₃COONH₄	29
CHCl₃	64
chloroform-isoamyl alcohol	64
chloropane	65
CHX	189
chymostatin	105
CIA	64
CIAP	83
CIP	83
Cm	157
coomassie brilliant blue	141
culture media for yeast	154
cycloheximide	189

D

dATP	80
dCTP	80
ddNTP	81
deionized formamide	92
deoxyribonucleoside triphosphate	80
deoxythymidine	190
DEPC water	53
DEPC 水	53
destaining solution	142
dGTP	80
diethyldicarbonate	53
diethyl ether	73
diethylpyrocarbonate	53
diluted ammonia water	20
dithiothreitol	103
DL-ジチオスレイトール	103
DL-ジチオトレイトール	103
DMSO	192
DNA	218
DNA ポリメラーゼ I ラージフラグメント	86
DNase フリー RNase	71
DNA ポリメラーゼ	89
DNA 沈殿用 PEG	68
dNTP	80
dT	190
DTT	103
dTTP	80

E・F

E-64	104
Earle 液	163
EDTA	40
EDTA-1	51
EGTA	42
enrich SD	155
eosin Y solution	187
EtBr	67
ethanol	66
ethlenediamine tetraacetic acid	40
ethyl alcohol	66
ethylene glycol tetraacetic acid	42
formamide	92
Fungizone	177

G

G418	177
Geneticin	177
Giemsa stain solution	183
glutamine	172
glutathione	118
Good バッファー	32
GSH	118

H・I

H₃BO₃	124
HAT 培地	191
HBS	168

HCl	16	MgSO₄	30
HEPES buffer	34	MOPS buffer	35
HEPES-buffered saline	168	MOPS-KOH	35
HEPES-KOH	34	MOPS バッファー	35
HEPES バッファー	34	mounting medium for microscopy	188
High バッファー	76		
hydrochloric acid	16		
imidazole	120		
IPTG	159		
isopropyl 1-thio-β-D-galactoside	159		

N

N-ドデカノイルサルコシン酸ナトリウム	49		
N', N'-メチレンビスアクリルアミド	129		

K・L

Kanamycin	176	NaCl	21, 169
KCl	22	NaHCO₃	173
KCl バッファー	77	NaN₃	109
Klenow fragment	86	NaOH	18
Km	157	Neomycin	177
KOH	19	NH₃	20
LB 培地	146	(NH₄)₂SO₄	119
Leupeptin	104	NH₄OH	20
loading buffer for denature gel	136	nocodazole	192
		Nonidet P-40	46
loading buffer for normal gel	135	nonionic detergents	46
		NTP	81
Lowry 法	230	NZYM 培地	149
Low バッファー	74		
Luria-Bertani medium	146		
lysozyme	57		

P

		p-APMSF	104
		para-amidinophenyl methane-sulphonyl fluoride	104

M

M9 培地	150	paraformaldehyde solution for fixation	184
magnesium acetate	24		
magnesium chloride	23	PBS (+)	166
magnesium sulphate	30	PBS (−)	165
Mayer's hematoxylin solution	185	PCR	87
		PEG 6000	68
Medium バッファー	75	PEG solution for DNA precipitation	68
mercaptoethanol	117		
MgCl₂	23	Penicillin G	176
		Pepstatin A	104

PFA	184
pH	213
phenol-chloroform	65
phenylmethylsulfonyl fluoride	104
phosphate buffer	36
phosphate buffered saline	165
physiological saline	169
pH メーター	213
PMSF	104
polyacrylamide gel	131
polymerase chain reaction	87
potassium acetate	26
potassium chloride	22
potassium hydoxide	19
pronase	69
protease inhibitors	104
protein transfer solutions	111
proteinase K	70

R・S

rich media for *E.coli* culture	152
Ringer solution	170
RIPA バッファー	98
RNA	218
RNase A	71
RNase 汚染	224
Sal I バッファー	78
salt-magnesium buffer	161
sarkosyl	49
SDS	44
SDS polyacrylamide gel	138
SDS sample buffer	140
SDS-PAGE electrophoresis buffer	126
SDS-PAGE 泳動バッファー	126
SDS サンプルバッファー	140
SDS ポリアクリルアミドゲル	138
SD 培地	155
SM バッファー	161
SOB 培地	147
SOC 培地	147
sodim chloride-Tris-EDTA	52
sodium acetate	25
sodium acetate buffer	38
sodium azide	109
sodium chloride	21
sodium chloride-Tris-EDTA Triton	58
sodium chloride-Tris-EDTA-Triton lysozyme	58
sodium citrate buffer	39
sodium dodecylsulphate	44
sodium hydrogen carbonate	173
sodium hydroxide	18
sodium *N*-dodecanoylsalcosinate	49
soft agar medium	174
solution for phage precipitation	162
solution for protein extraction	100
solution I for alkaline lysis method	54
solution II for alkaline lysis method	55
solution III for alkaline lysis method	56
solutions for DNA transfection	181
solutions for Southern blotting	93
solutions for Western blotting	110
Southern hybridization solution	96
SSC	90
SSPE	91
standard saline citrate	90

standard saline phosphate EDTA	91
STE	52
STET	58
STETL	58
Str	157
Streptomycin	176
sucrose	48
super broth	152
SYBR® Gold	144
SYBR® Green	144
synthetic dextrose	155

T

$T_{10}E_1$	50
T4 DNA リガーゼ	84
T4 polynucleotide kinase	82
T4 ポリヌクレオチドキナーゼ	82
$T_{50}E_1$	51
TAE	123
TBE	124
TBS	167
Tc	157
TCA	121
TE	50
TE-saturated butanol	72
TEMED	131
TEN	52
terrific broth	153
TE 飽和フェノール	61
TE 飽和ブタノール	72
thymidine	190
Tm	226
TM バッファー	161
TNE	52
TNM	59
Trasyrol	104
trichloroacetic acid	121
Tris hydrochlonic acid buffer	31
Tris-50	51
Tris-acetate buffer	33
Tris-acetate-EDTA	123
Tris-borate-EDTA	124
Tris-buffered saline	167
Tris-EDTA	50
Tris-EDTA-NaCl	52
Tris-HCl buffer	31
Tris-magnesium バッファー	161
Tris-NaCl-EDTA	52
Tris-NaCl-Mg	59
Tris-saturated phenol	62
Triton X-100	46
trypan blue	180
trypsin	178
Tunicamycin	177
Tween 20	46
Tween 80	46
T バッファー	79

U・W・X・Y

urea	122
urea gel	133
UV 法	231
water-saturated phenol	60
Western blot stripping buffer	117
X-gal	160
XC	135, 136
xylene cyanol FF	135, 136
YPAD 培地	154
YPD 培地	154

◆ 著者プロフィール

田村 隆明（たむら たかあき）

1974年北里大学衛生学部卒業，'76年香川大学大学院農学研究科修了．'77年慶應義塾大学医学部微生物学教室助手（高野利也教授），'81年基礎生物学研究所助手（御子柴克彦教授），'91年埼玉医科大学助教授（村松正實教授）を経て，'93年より千葉大学理学部生物学科教授（2007年より現職，千葉大学大学院理学研究科教授）．この間博士研究員として1984〜'86年までストラスブール第一大学（L. パスツール大学）P. シャンボン研究室に留学．転写制御機構，転写制御因子，遺伝子発現機構に関する研究を行っている．また大学では，遺伝子組換え実験安全委員会，病原体等安全管理委員会，生命倫理審査委員会，遺伝子組換え実験講習会講師などの遺伝子工学関連業務にも従事している．

改訂
バイオ試薬調製ポケットマニュアル
欲しい試薬がすぐにつくれる基本操作と注意・ポイント

2004年 1月 1日	第1版第1刷発行	著 者	田村隆明
2013年 4月25日	第1版第10刷発行	発行人	一戸裕子
2014年 9月10日	第2版第1刷発行	発行所	株式会社 羊 土 社
2024年 5月15日	第2版第4刷発行		〒101-0052
			東京都千代田区神田小川町2-5-1
			TEL　03（5282）1211
			FAX　03（5282）1212
© YODOSHA CO., LTD. 2014			E-mail　eigyo@yodosha.co.jp
Printed in Japan			URL　www.yodosha.co.jp/
ISBN978-4-7581-2049-4		印刷所	広研印刷株式会社

本書に掲載する著作物の複製権，上映権，譲渡権，公衆送信権（送信可能化権を含む）は（株）羊土社が保有します．
本書を無断で複製する行為（コピー，スキャン，デジタルデータ化など）は，著作権法上での限られた例外（「私的使用のための複製」など）を除き禁じられています．研究活動，診療を含み業務上使用する目的で上記の行為を行うことは大学，病院，企業などにおける内部的な利用であっても，私的使用には該当せず，違法です．また私的使用のためであっても，代行業者等の第三者に依頼して上記の行為を行うことは違法となります．

JCOPY <（社）出版者著作権管理機構 委託出版物>
本書の無断複写は著作権法上での例外を除き禁じられています．複写される場合は，そのつど事前に，（社）出版者著作権管理機構（TEL 03-5244-5088，FAX 03-5244-5089, e-mail：info@jcopy.or.jp）の許諾を得てください．

乱丁，落丁，印刷の不具合はお取り替えいたします．小社までご連絡ください．

羊土社のオススメ書籍

バイオ実験法&必須データポケットマニュアル

ラボですぐに使える基本操作といつでも役立つ重要データ

田村隆明／著

実験に必要な色々な資料，あちこちに散らばっていませんか？ バイオ実験の汎用プロトコールと関連データをギュッと凝縮したこの1冊があれば，実験がスイスイ進みます！

- 定価 3,520円（本体 3,200円＋税10%）
- B6変型判 ■ 324頁 ■ ISBN978-4-7581-0802-7

無敵のバイオテクニカルシリーズ

改訂第3版
遺伝子工学実験ノート

DNA実験の基本をマスターする 【上巻】

田村隆明／編

原理からよくわかると大好評の実験入門書が待望の改訂！ 丁寧な解説とわかりやすいイラストで，大腸菌培養やサブクローニングなど，基本となる実験手技をマスターできる！

- 定価 4,180円（本体 3,800円＋税10%）
- A4判 ■ 232頁 ■ ISBN978-4-89706-927-2

無敵のバイオテクニカルシリーズ

改訂第3版
遺伝子工学実験ノート

遺伝子の発現・機能を解析する 【下巻】

田村隆明／編

RNAの抽出法から，リアルタイムPCRやRNAiなどの遺伝子解析法まで必須の実験が満載！ イラストを用いた丁寧な解説で実験の原理やコツがしっかり身につきます！

- 定価 4,290円（本体 3,900円＋税10%）
- A4判 ■ 216頁 ■ ISBN978-4-89706-928-9

発行 **羊土社 YODOSHA**

〒101-0052 東京都千代田区神田小川町2-5-1　TEL 03(5282)1211　FAX 03(5282)1212
E-mail: eigyo@yodosha.co.jp
URL: www.yodosha.co.jp/

ご注文は最寄りの書店，または小社営業部まで

羊土社のオススメ書籍

実験医学別冊

あなたのタンパク質精製、大丈夫ですか？

貴重なサンプルをロスしないための達人の技

胡桃坂仁志，有村泰宏／編

生命科学の研究者なら避けて通れないタンパク質実験．取り扱いの基本から発現・精製まで，実験の成功のノウハウを余さず解説します．初心者にも，すでにタンパク質実験に取り組んでいる方にも役立つ一冊です．

- 定価 4,400円（本体 4,000円＋税10%）
- A5判　■ 186頁　■ ISBN 978-4-7581-2238-2

あなたの細胞培養、大丈夫ですか?!

ラボの事例から学ぶ結果を出せる「培養力」

中村幸夫／監　西條薫，小原有弘／編

医学・生命科学・創薬研究に必須とも言える「細胞培養」．でも，コンタミ，取り違え，知財侵害…など熟練者でも陥りがちな落とし穴がいっぱい．こうしたトラブルを未然に防ぐ知識が身につく「読む」実験解説書です．

- 定価 3,850円（本体 3,500円＋税10%）
- A5判　■ 246頁　■ ISBN 978-4-7581-2061-6

意外に知らない、いまさら聞けない
バイオ実験 超基本Q&A 改訂版

大藤道衛／著

数多くの実験初心者を救ってきたベストセラーがついに改訂！「白衣を着る理由とは？」など，今さら聞けないような基礎知識から，実験の成否を分ける工夫やコツまで，研究生活で必ず役立つ情報が満載！！

- 定価 3,740円（本体 3,400円＋税10%）
- A5判　■ 284頁　■ ISBN 978-4-7581-2015-9

発行　**羊土社 YODOSHA**

〒101-0052 東京都千代田区神田小川町2-5-1　TEL 03(5282)1211　FAX 03(5282)1212
E-mail：eigyo@yodosha.co.jp
URL：www.yodosha.co.jp/

ご注文は最寄りの書店、または小社営業部まで

羊土社のオススメ書籍

理系のパラグラフライティング

レポートから英語論文まで論理的な文章作成の必須技術

高橋良子,野田直紀,E. H. Jego,日台智明／著

アカデミックライティング技術向上に役立つ,理系のための「パラグラフライティング」教本.
1つのパラグラフから英語論文まで,順を追った丁寧な解説で必須技術が身につく.

- 定価3,520円(本体3,200円+税10%)
- A5判 ■ 208頁 ■ ISBN 978-4-7581-0856-0

テンプレートでそのまま書ける科学英語論文

ネイティブ編集者のアクセプトされる執筆術

ポール・ラングマン,今村友紀子／著

「論文なんてどう書けば…」と途方に暮れる方に!テンプレートに沿って書き込むだけで作法に合った草稿の完成です.テーマ設定〜出版まで,ネイティブ編集者が戦略を伝授!

- 定価3,740円(本体3,400円+税10%)
- A5判 ■ 256頁 ■ ISBN 978-4-7581-0854-6

ストーリーで惹きつける科学プレゼンテーション法

魅力的かつ論理的に自身の研究成果を伝える世界標準のフォーマット

庫本高志／翻訳,BruceKirchoff／著,JonWagner／イラスト

ABT構造,タイトルのつけ方,エレベーターピッチ,3MT,学会発表,ポスター発表など,プレゼンのストーリーの型から,さまざまなシチュエーション別のプレゼン法まで,わかりやすく解説!

- 定価3,960円(本体3,600円+税10%)
- A5判 ■ 223頁 ■ ISBN 978-4-7581-0855-3

発行 **羊土社 YODOSHA**

〒101-0052 東京都千代田区神田小川町2-5-1　TEL 03(5282)1211　FAX 03(5282)1212
E-mail：eigyo@yodosha.co.jp
URL：www.yodosha.co.jp/

ご注文は最寄りの書店,または小社営業部まで

羊土社のオススメ書籍

基礎から学ぶ統計学

中原 治／著

やり直しの統計学にも，初めての1冊にも．数学の好き嫌いに関わらず，数式の意味からしっかりわかる工夫満載．分野を問わない"統計の基礎"を我がものにしたいなら，これで間違いなし

- 定価3,520円(本体3,200円+税10%)
- B5判 ■ 335頁 ■ ISBN 978-4-7581-2121-7

実験医学別冊
論文図表を読む作法
はじめて出会う実験＆解析法も正しく解釈！
生命科学・医学論文をスラスラ読むためのFigure事典

牛島俊和，中山敬一／編

115の頻出実験＆解析法について，図表から何がわかるのかを簡潔に解説した「論文を読むための」書籍．初めて論文を読む学生・異分野の論文を読む研究者に，頼れる1冊！

- 定価4,950円(本体4,500円+税10%)
- A5判 ■ 288頁 ■ ISBN 978-4-7581-2260-3

ダメ例から学ぶ
実験レポートを
うまくはやく書けるガイドブック
手つかず，山積み，徹夜続き　そんなあなたを助けます！

堀 一成，北沢美帆，山下英里華／著

はじめての実験レポートを徹底サポート！効率的で最適な道筋がわかる入門書です．卒論まで役立つレポートの書き方が身につきます．指導に携わる先生方にもおすすめです．

- 定価1,980円(本体1,800円+税10%)
- A5判 ■ 159頁 ■ ISBN 978-4-7581-0853-9

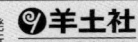

発行　**羊土社 YODOSHA**　〒101-0052 東京都千代田区神田小川町2-5-1　TEL 03(5282)1211　FAX 03(5282)1212
E-mail：eigyo@yodosha.co.jp
URL：www.yodosha.co.jp/

ご注文は最寄りの書店，または小社営業部まで

生命を科学する 明日の医療を切り拓く

実験医学

1983年創刊以来,多くの研究者に愛読いただいている生命科学と医学の最先端総合誌です

月刊

毎月1日発行 B5判
定価 2,530円(本体 2,300円+税10%)

- 生命科学・医学・薬学・工学分野の第一線の研究者が執筆
- 毎号,いま一番ホットな研究テーマを総力「特集」
- 研究に役立つコラムやインタビューなどの人気連載

増刊号

年8冊発行 B5判
定価 6,160円(本体 5,600円+税10%)

- 各研究分野を完全網羅した最新レビュー集
- 全体像を掴む「概論」と最新の研究成果を満載した「各論」で構成された決定版

年間購読は随時受付!
※送料サービス
(海外からのご購読は送料実費となります)

- 通常号(月刊) ：定価 30,360円(本体 27,600円+税10%)
- 通常号(月刊)＋WEB版※ ：定価 35,640円(本体 32,400円+税10%)
- 通常号(月刊)＋増刊 ：定価 79,640円(本体 72,400円+税10%)
- 通常号(月刊)＋WEB版※＋増刊：定価 84,920円(本体 77,200円+税10%)

※WEB版は通常号のみのサービスとなります

発行 **羊土社 YODOSHA**
〒101-0052 東京都千代田区神田小川町2-5-1　TEL 03(5282)1211　FAX 03(5282)1212
E-mail：eigyo@yodosha.co.jp
URL：www.yodosha.co.jp/

ご注文は最寄りの書店、または小社営業部まで

● コドン表

1番目 (5′末端)	2番目				3番目 (3′末端)
	U	C	A	G	
U ウラシル	Phe	Ser	Tyr	Cys	U
	Phe	Ser	Tyr	Cys	C
	Leu	Ser	終止(och)	終止(opa)	A
	Leu	Ser	終止(amb)	Trp	G
C シトシン	Leu	Pro	His	Arg	U
	Leu	Pro	His	Arg	C
	Leu	Pro	Gln	Arg	A
	Leu(Met)	Pro	Gln	Arg	G
A アデニン	Ile	Thr	Asn	Ser	U
	Ile	Thr	Asn	Ser	C
	Ile	Thr	Lys	Arg	A
	Met(開始)	Thr	Lys	Arg	G
G グアニン	Val	Ala	Asp	Gly	U
	Val	Ala	Asp	Gly	C
	Val	Ala	Glu	Gly	A
	Val(Met)	Ala	Glu	Gly	G

och（オーカー），opa（オパール），amb（アンバー）．
GUG と CUG はまれに翻訳開始のメチオニンをコードする